W0259942

Mathematik für die Lehrerausbildung

H. Freund
Elemente der Zahlentheorie

Mathematik für die Lehrerausbildung

Herausgegeben von

Prof. Dr. G. Buchmann, Flensburg, Prof. Dr. H. Freund, Kiel
Prof. Dr. P. Sorger, Münster, Prof. Dr. U. Spengler, Kiel
Dr. W. Walser, Baden/Schweiz

Die Reihe Mathematik für die Lehrerausbildung behandelt studiumsgerecht in Form einzelner aufeinander abgestimmter Bausteine grundlegende und weiterführende Themen aus dem gesamten Ausbildungsbereich der Mathematik für Lehrerstudenten. Die einzelnen Bände umfassen den Stoff, der in einer einsemestrigen Vorlesung dargeboten wird. Die Erfordernisse der Lehrerausbildung berücksichtigt in besonderer Weise der dreiteilige Aufbau der einzelnen Kapitel jedes Bandes: Der erste Teil hat motivierenden Charakter. Der Motivationsteil bereitet den zweiten, theoretisch-systematischen Teil vor. Der dritte, auf die Schulpraxis bezogene Teil zeigt die Anwendung der Theorie im Unterricht. Aufgrund dieser Konzeption eignet sich die Reihe besonders zum Gebrauch neben Vorlesungen, zur Prüfungsvorbereitung sowie zur Fortbildung von Lehrern an Grund-, Haupt- und Realschulen.

Elemente der Zahlentheorie

Von Dr. rer. nat. H. Freund
Professor an der Pädagogischen Hochschule Kiel

Mit 18 Figuren, 17 Beispielen und 56 Aufgaben

B. G. Teubner Stuttgart 1979

Prof. Dr. rer. nat. Helmut Freund

Geboren 1915 in Berge. Von 1936 bis 1939 Studium der Mathematik und Physik in Göttingen, 1939 Staatsexamen, 1943 Promotion. Von 1943 bis 1946 Assistent am Mathematischen Institut der Universität Göttingen. Von 1947 bis 1965 Schuldienst am Felix-Klein-Gymnasium in Göttingen – zuletzt mit den Nebentätigkeiten Fachleiter im Staatlichen Studienseminar, Lehrbeauftragter der Universität und Mitglied des Wissenschaftlichen Prüfungsamtes. Seit 1965 Professor, seit 1971 o. Professor für Mathematik und Didaktik der Mathematik an der Pädagogischen Hochschule in Kiel.

CIP-Kurztitelaufnahme der Deutschen Bibliothek

Freund, Helmut:
Elemente der Zahlentheorie / von H. Freund. –
Stuttgart: Teubner, 1979.
(Mathematik für die Lehrerausbildung)
ISBN 978-3-519-02707-2 ISBN 978-3-322-94756-7 (eBook)
DOI 10.1007/978-3-322-94756-7

Gesamtherstellung: Schwetzinger Verlagsdruckerei GmbH
Umschlaggestaltung: W. Koch, Sindelfingen

Vorwort

Der Absicht dieser Reihe entsprechend, beschränkt sich die Darstellung auf diejenigen zahlentheoretischen Themen, die als unmittelbar zugängliche und grundlegende Gegenstände als Hintergrundwissen auch schulisches Interesse besitzen.

Der Reiz der Eingangsprobleme beruht darin, daß sie noch geometrisch-anschaulich interpretierbar sind (vgl. den A-Teil von Kapitel 1), andererseits aber auch in der großen Fülle von elementar zugänglichen Beobachtungen, die schnell zu überraschenden Vermutungen führen. Beispiele für Sammlungen derartigen Materials – und dies auf völlig verschiedenen Ebenen – enthalten die A-Teile der beiden letzten Kapitel.

Die Einsicht in die dargestellten Gegenstände verlangt weder spezielle Kenntnisse noch – auf dem hier gewählten Niveau – komplizierte Begriffsbildungen. Der Gegenstand selbst – die ganzen Zahlen und die z. T. merkwürdigen Beziehungen zwischen ihnen – aber ist abstrakt. Deshalb können wir auch nur in den A-Teilen geometrische Vorstellungen heranziehen, die Beweise der leicht verständlichen Aussagen sind unanschaulich und müssen dem Anfänger gelegentlich „trickreich" erscheinen. Viele Schlüsse werden indirekt geführt, auch die vollständige Induktion wird oft bemüht. Bemerkenswert ist, daß ein Prinzip – hier Darstellungssatz genannt (vgl. Satz 1.1 und 1.7) – sich durchgängig als starkes Hilfsmittel erweist. Seine didaktische Bedeutung wird insbesondere in Abschn. 3.1 beleuchtet.

Die Definitionen und Sätze verfolgen in den B-Teilen in natürlicher Weise den Weg, der durch die anschaulichen Zugänge sich anbietet. Das hat zur Folge, daß der Aufbau ein wenig eigenwillig erscheinen mag. Dadurch wird es aber möglich, auch altbekannte Zusammenhänge neu zu beleuchten. Man vergleiche dazu insbesondere Abschn. 1.9 und 2.5.

Das 1. Kapitel enthält die klassische Teilbarkeitslehre. Charakteristisch für den Aufbau dürfte die Tatsache sein, daß die Sätze zunächst ohne das starke Hilfsmittel der Primzahlzerlegung bewiesen werden, um auch andere zahlentheoretische Beweisprinzipien deutlich werden zu lassen.

Das 2. Kapitel gehört nicht zum Bestand der klassischen Theorie. Es ist aber erstaunlich, wie konsequent sich die elementaren zahlentheoretischen Eigenschaften der beteiligten Nenner den Betrachtungen aufdrängen. Das Aufnehmen dieses Kapitels in einen Text für Lehrerstudenten wird durch zwei Fakten gerechtfertigt. Ein zentraler Schulstoff, die Dezimalbrüche, wird hier in einen unmittelbaren Zusammenhang mit grundlegenden zahlentheoretischen Begriffsbildungen gebracht. Zweitens bieten sich für diesen Zugang eine Fülle von experimentell zu gewinnenden Daten an.

Das 3. Kapitel hat – gerade für die Schule – zwei weitere interessante Komponenten. Einmal bieten die Restklassen unendliche Mengen, mit denen man fast wie mit Zahlen rechnen kann. Andererseits bieten sie als Verallgemeinerung von Vielfachmengen elementar zugängliche Fragestellungen. Sowohl nichtleere Durchschnitte als auch nichtleere Lösungsmengen von Kongruenzen sind stets wieder Restklassen.

Kiel, im Herbst 1978 H. Freund

Inhalt

1 Teiler und Vielfache, Primzahlen

1.1 Der Darstellungssatz – Teiler und Vielfache

A

Wir zeichnen und vergleichen Strecken in einem quadratischen Gitternetz, wie wir es etwa in einem sog. „Rechenheft" finden. Die Strecken liegen beim Vergleich nebeneinander, sie sollen in Gitterpunkten starten und in Gitterpunkten enden. Ihre Längen sind also ganzzahlige Vielfache der Kästchenlängen KL der Grundquadrate. Wir gehen von 2 Strecken A und B mit den Längen a KL bzw. b KL aus (Fig. 1.1). Wir versuchen die

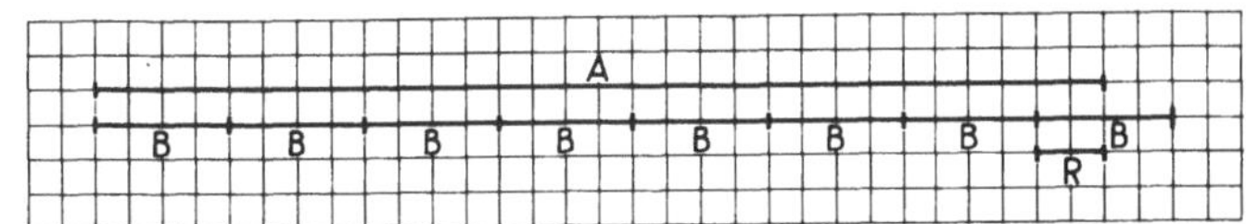

Fig. 1.1

zunächst als länger angenommene Strecke A durch Strecken B auszumessen. Dazu legen wir B-Strecken solange aneinander, bis sie insgesamt die Strecke A übertreffen. Dabei stellen wir fest: Es gibt eine durch a und b eindeutig bestimmte Anzahl k, so daß

$$k \cdot b \leqslant a \quad \text{aber} \quad (k+1) \cdot b > a$$

ist. Nur für den Fall k b = a ist die Information genau. Im anderen Fall bleibt eine endliche Spanne R mit einer Länge r KL zwischen dem Endpunkt der k-ten B-Strecke und dem Endpunkt der A-Strecke. Die Länge r KL ist durch die Längen von A und B ebenfalls eindeutig bestimmt. Haben wir k so groß wie möglich gewählt, so wird $r < b$, insgesamt also

$$a = k \cdot b + r \quad \text{mit} \quad 0 \leqslant r < b.$$

Unsere Betrachtung gilt aber auch für den Fall, in dem B länger ist als A, sie ist allerdings praktisch wertlos, denn jetzt müssen wir die triviale Gleichung

$$a = 0 \cdot b + r \quad \text{mit} \quad 0 \leqslant r = a < b$$

hinschreiben.

Statt Längen können wir auch natürliche Zahlen vergleichen – z. B. 37 und 5. Im ersten Fall erhalten wir eine Gleichung, wie sie bei einer „Division mit Rest" auftritt

$$37 = 7 \cdot 5 + 2,$$

im anderen Fall

$$5 = 0 \cdot 37 + 5.$$

Diese einfachen Erfahrungen liefern uns den

Satz 1.1 (Darstellungssatz) Sind a und b zwei beliebige natürliche Zahlen, so gibt es stets zwei weitere natürliche Zahlen k und r – die durch a und b eindeutig bestimmt sind –, so daß

A $$a = k \cdot b + r \quad \text{mit } 0 \leqslant k \quad \text{und} \quad 0 \leqslant r < b \tag{1.1}$$

gilt.

Der Satzteil „eindeutig bestimmt“ soll ausdrücken, daß es zu a und b nur eine einzige Darstellung der Form (1.1) gibt. Ohne die Minimalforderung $0 \leqslant r < b$ gäbe es natürlich mehrere zu a gleichwertige Terme, z. B. $37 = 6 \cdot 5 + 7$ oder $37 = 5 \cdot 5 + 12$ usw. Deshalb darf die Forderung $0 \leqslant r < b$ nicht vergessen werden.

Der Fall $r = 0$ führt uns zu zwei wichtigen Grundbegriffen. In

$$a = k \cdot b \quad \text{mit } 0 \leqslant k, a, b \in \mathbf{N}_0, 0 < b \tag{1.2}$$

nennen wir a ein *Vielfaches von b* und umgekehrt b einen *Teiler von a*. Wir schreiben dies auch kurz in der Form

$b \mid a$ und lesen b teilt a.

Die in (1.2) gegenüber (1.1) neu auftauchende Forderung $0 < b$ steckt bereits in (1.1), nämlich in $0 \leqslant r < b$, die sich im Fall $r = 0$ auf $0 < b$ verkürzt. Dagegen ist, wie das Beispiel $5 = 0 \cdot 37 + 5$ zeigt, in (1.1) und darum auch in (1.2) die Möglichkeit $k = 0$, d. h. $a < b$ zugelassen. Werden gleichzeitig k und r gleich Null, dann muß wegen $a = 0 \cdot b + 0$ auch $a = 0$ sein. Die Null ist also ein Vielfaches jeder Zahl oder anders ausgedrückt: 0 läßt sich durch jede Zahl teilen. Wenn wir also die Menge der Vielfachen V_b von b aufschreiben, müssen wir mit der 0 beginnen, es ist z. B.

$$V_7 = \{0, 7, 14, 21, \ldots\}$$

Andererseits treten wegen $b > 0$ ausschließlich positive Zahlen als Teiler auf. Die Menge T_a aller Teiler von $a > 0$ ist endlich, da wegen $a = k \cdot b$ stets $b \leqslant a$ gilt.

So wird z. B.

$$T_{36} = \{1, 2, 3, 4, 6, 9, 12, 18, 36\}.$$

Die Teilermenge T_a enthält also stets die *uneigentlichen Teiler* 1 und a, die nur für $T_1 = \{1\}$ zusammenfallen.

In den anderen Minimalfällen

$$T_a = \{1, a\} \quad \text{für } a > 1$$

nennen wir a eine *Primzahl*. Primzahlen p sind also $\neq 1$ und besitzen nur die uneigentlichen Teiler 1 und p. Die Folge der Primzahlen beginnt mit

$$2, 3, 5, 7, 11, 13, 17, 19, 23, 29, \ldots$$

1.2 Gemeinsame Vielfache

Mit einer guten Papierschneidemaschine kann man sich leicht viele Kartonstreifen gleicher Länge herstellen. Mit zwei Streifensorten A und B verschiedener Länge kann man zu zweit ein Spiel spielen, dessen Ausgang – zumindest beim ersten Spielen – völlig unbestimmt ist.

Der erste Spieler legt einen seiner A-Streifen hin, sie sollen die längeren sein. Dann legt der 2. Spieler daneben B-Streifen so lange aneinander, bis der Endpunkt der letzten B-Strecke genau neben dem Endpunkt der A-Strecke liegt oder aber diese zum erstenmal überragt. Im 1. Fall hat der Spieler der B-Streifen gewonnen. Im 2. Fall darf er jetzt aufhören oder weitere seiner Streifen anlegen, die maximale Anzahl sollte man vor Spielbeginn vereinbaren. Jetzt ist wieder der Spieler mit den A-Streifen am Spiel. A

Jedesmal, wenn also das „Zugrecht" von einem zum anderen Spieler wechselt, hat der abgebende Spieler die längere Reihe. Der Spieler am Zug legt dann an seine (kürzere) Reihe soviel seiner Streifen, bis er entweder den Endpunkt der längeren Reihe genau erreicht, oder aber diesen zum erstenmal übertrifft. Im 1. Fall hat er gewonnen, das Spiel ist beendet. Im anderen Fall aber darf er, bevor er das Zugrecht wieder abgibt, im Rahmen der zugelassenen Maximalzahl weitere Streifen anlegen.

Wir fragen uns, ob dieses Spiel überhaupt zu einem Ende führt. Theoretisch ist es durchaus möglich, daß niemals die Reihe der B-Streifen genau so lang wird wie die Reihe der A-Streifen. Dies ist dann z. B. der Fall, wenn die A-Streifen die Länge der Diagonalen eines Quadrats besitzen, die B-Streifen aber die Länge der Seite desselben Quadrats. Praktisch jedoch muß man sich mit viel Ungenauigkeiten abfinden und möglicherweise gibt es Streit bei der Frage, ob die beiden gelegten Reihen gleichlang sind oder nicht. Wir vermeiden diesen Streit, wenn die beiden Spieler auf zwei nebeneinanderliegenden Linien unseres Karopapiers arbeiten. Statt des Anlegens von Streifen darf jeder Spieler auf seiner Linie um jeweils gleichviel Kästchenlängen weitergehen, er setzt dann eine Marke und darf dann wieder um dieselbe Anzahl vorrücken. Natürlich fangen beide Spieler auf derselben Höhe an. Das Spiel läßt sich jetzt aber viel einfacher durchschauen (vgl. Fig. 1.2a, b).

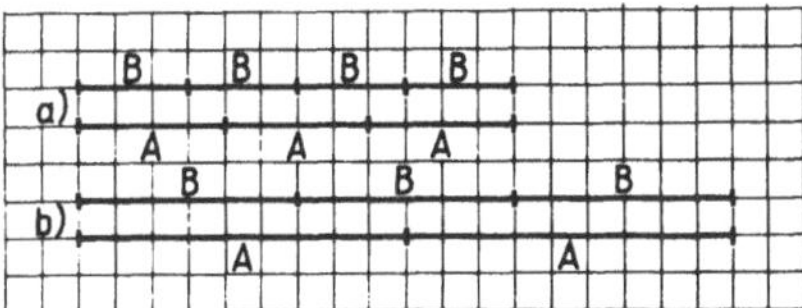

Fig. 1.2

Jedenfalls gewinnt stets der Spieler mit den kürzeren Streifen, wenn beide mit dem „Anlegen" aufhören, sobald sie zum erstenmal den letzten Streifen des anderen überrunden. Weshalb ist das so?

Der Spieler, der die längeren Streifen hat, wird also diese Strategie vermeiden. Wie müßte er im Fall von Fig. 1.2a ziehen, damit er Aussicht auf Gewinn hat?

Haben die Streifen die Länge a KL bzw. b KL, dann sind a und b natürliche Zahlen. In Fig. 1.2a ist $a = 4$ und $b = 3$, nach 12 Kästchen ist der erste gemeinsame Endpunkt erreicht. Ein solcher gemeinsamer Endpunkt wird stets spätestens nach $a \cdot b$ Kästchen erreicht. In vielen Fällen aber wird die erste gemeinsame Länge früher erreicht. In Fig. 1.2b, in der $a = 9$, $b = 6$ ist, beträgt die Entfernung bis zum 1. Treffpunkt 18 KL, also weniger als $9 \cdot 6$ KL = 56 KL.

Die Kästchenzahl v einer gemeinsamen Länge muß sowohl Vielfaches von a als auch Vielfaches von b, also ein *gemeinsames Vielfaches* von a und b, kurz ein gV

A von a und b sein. Natürlich interessiert uns der erste gemeinsame Endpunkt, im Fall $a = 9$, $b = 6$ also die kleinste der möglichen Zahlen v, d. h. das *kleinste gemeinsame Vielfache von a und b*, kurz kgV von a und b. Im Beispiel mit $a = 9$, $b = 6$ ist dies 18; denn schreibt man sich die Mengen aller Vielfachen von $a = 9$ (das sind die Kästchenzahlen, die der Spieler mit den A-Streifen ankreuzt) und die von $b = 6$ auf, so findet man

$$V_9 = \{\underline{0}, 9, \underline{18}, 27, \underline{36}, 45, \underline{54}, \ldots\}, \qquad V_6 = \{\underline{0}, 6, 12, \underline{18}, 24, 30, \underline{36}, 42, \ldots\},$$

und man bemerkt, daß der Durchschnitt wieder eine Menge von Vielfachen, und zwar die von 18, dem kgV von 9 und 6 ist

$$V_9 \cap V_6 = \{0, 18, 36, 54, \ldots\} = V_{18}.$$

Auch in anderen Fällen finden wir, daß der Durchschnitt von zwei Vielfachmengen V_a und V_b wieder eine Vielfachmenge – und zwar die des kgV von a und b – ist. So wird z. B.

$$V_9 \cap V_{12} = V_{36},$$

und es ist 36 = kgV von 9 und 12. Das würde bedeuten, daß jedes beliebige gemeinsame Vielfache v von 2 Zahlen a und b selbst ein Vielfaches vom kgV von a und b ist.

Unsere geometrische Vorbetrachtung läßt dies auch ganz plausibel erscheinen. Wir denken uns die beiden Linien – die eine durch A-, die zweite durch B-Streifen – beliebig weit ausgelegt. Den gemeinsamen Ausgangspunkt nennen wir P_0 und die Punkte P_n, die wir auf beiden Linien eintragen, wählen wir so, daß die Länge P_0P_n genau n v* KL lang ist. Die Strecke P_0P_1 hat die Länge v* KL, auf ihr liegt kein gemeinsamer Endpunkt von A- und B-Strecken, wenn v* das *kleinste* gV von a und b ist. P_1 ist nach P_0 der erste gemeinsame Endpunkt. Wir verschieben die unterteilte Strecke P_0P_1 um v* nach rechts. Sie kommt dann mit P_1P_2 zur Deckung, dasselbe gilt aber auch für die einzelnen A- bzw. B-Strecken. P_2 ist also der nach P_1 folgende nächste gemeinsame Endpunkt. Wir führen die Verfahren durch schrittweises Verschieben von P_0P_1 um jeweils v* KL weiter durch und finden, daß in keinem der Intervalle $P_{n-1}P_n$ gemeinsame Endpunkte liegen, dagegen sind $P_0, P_1, P_2 \ldots$ selbst gemeinsame Endpunkte. Jedes gV v von a und b wird also durch v* geteilt.

Mit dem Darstellungssatz können wir dies aber auch rechnerisch beweisen. Wenn wir ein beliebig gewähltes gemeinsames Vielfaches von a und b v, das kleinste gV aber v* nennen, so lautet die Behauptung, daß es eine natürliche Zahl k gibt, so daß $v = k\,v^*$ gilt. Die Tatsache, daß v bzw. v* gV von a und b sind, bringen wir in unserem Ansatz dadurch zum Ausdruck, daß wir

$$v = \beta\, a = \alpha b, \qquad v^* = \beta^*\, a = \alpha^*\, b$$

setzen und nun v durch v* gemäß (1.1) darstellen:

$$v = k v^* + r \quad \text{mit } 0 \leqslant k \text{ und } 0 \leqslant r < v^*.$$

Ersetzen wir hier v und v* unserem Ansatz entsprechend, so folgt

$$\beta a = k\beta^* a + r, \quad \text{also} \quad r = (\beta - k\beta^*)a,$$
$$\alpha b = k\alpha^* b + r, \quad \text{also} \quad r = (\alpha - k\alpha^*)b.$$

A

Aus den umgeschriebenen Gleichungen folgt aber, daß auch r ein gemeinsames Vielfaches von a und b ist. Andererseits ist aber $r < v^*$ und v^* nach unserer Voraussetzung das kleinste positive gV. Daher muß $r = 0$ und damit

$$v = kv^*, \quad \text{aber auch} \quad \alpha = k\alpha^* \text{ und } \beta = k\beta^*$$

gelten. Damit haben wir gezeigt:

Ist v ein beliebiges Vielfaches und v^* das kgV von 2 natürlichen Zahlen a und b, so gibt es eine natürliche Zahl k, so daß mit

$$\begin{aligned} &v = \beta a = \alpha b, \qquad v^* = \beta^* a = \alpha^* b \\ &\text{sowohl } v = kv^* \text{ als auch } \beta = k\beta^* \text{ und } \alpha = k\alpha^* \end{aligned} \tag{1.3}$$

folgt (vgl. auch Satz 1.2).

Wenn also zwei natürliche Zahlen a und b gegeben sind, so ist durch sie ihr kgV v^* eindeutig bestimmt – und mit diesem auch die beiden Zahlen α^* und β^*. Dagegen sind die ebenfalls in (1.3) auftretenden Zahlen k, α und β von der Wahl des gV v abhängig. k kann jede natürliche Zahl sein, ist z. B. $k = 17$, so ist $\alpha = 17\,\alpha^*$, $\beta = 17\,\beta^*$ und $v = 17\,v^*$.

1.3 Gemeinsame Teiler

Unsere geometrischen Grundvorstellungen lassen sich durch eine weitere ergänzen. Wieder gehen wir von 2 Strecken A und B mit den Längen a KL bzw. b KL aus. Diesmal wollen wir untersuchen, ob es Strecken T (mit den Längen t KL) gibt, die sowohl in eine A-Strecke als auch in eine B-Strecke ganzzahlig oft hineinpassen.

Ist z. B. $a = 12$ und $b = 18$, so ist die Strecke T mit der Länge t KL = 3 KL wegen $a = 12 = 4 \cdot 3$ und $b = 18 = 6 \cdot 3$ zum ganzzahligen Einpassen geeignet (vgl. Fig. 1.3a).

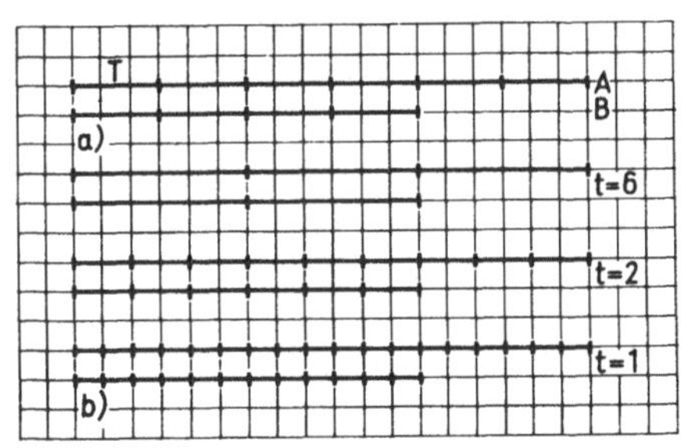

Fig. 1.3

3 ist ein Teiler von 12, aber auch ein Teiler von 18 – brauchbare Anzahlen t müssen also g e m e i n s a m e T e i l e r v o n a u n d b, kurz gT von a und b sein. Wir finden alle gemeinsamen Teiler von 12 und 18, wenn wir beide Teilermengen vergleichen.

A $T_{12} = \{\underline{1}, \underline{2}, \underline{3}, 4, \underline{6}, 12\}, \qquad T_{18} = \{\underline{1}, \underline{2}, \underline{3}, \underline{6}, 9, 18\}$

Darin sind 1, 2, 3 und 6 gemeinsame Teiler; jeder von ihnen ist zum Auslegen von A und B geeignet (vgl. Fig. 1.3a und b).

Die gemeinsamen Teiler von 12 und 18 bilden selbst eine Teilermenge, denn es ist $T_6 = \{1, 2, 3, 6\}$. 6 ist der *größte gemeinsame Teiler von 12 und 18*, abgekürzt „ggT von 12 und 18“.

In einem zweiten Beispiel finden wir

$$T_{48} = \{1, 2, 3, 4, 6, 8, 12, 16, 24, 48\}, \qquad T_{56} = \{1, 2, 4, 7, 8, 14, 28, 56\},$$

also $\quad T_{48} \cap T_{56} = \{1, 2, 4, 8\} = T_8,$

und 8 ist der ggT von 48 von 56. Man darf also vermuten, daß zwischen einem beliebigen gT t von a und b und dem ggT t* von a und b ein Zusammenhang besteht, wie wir ihn in (1.3) für gemeinsame Vielfache ausgesprochen haben:

Wir wissen: Ist v ein beliebiges gV von a und b und v* das kgV von a und b, so ist v selbst ein Vielfaches von v*.

Wir vermuten: Ist t ein beliebiger gT von a und b und t* der ggT von a und b, so ist t* selbst ein Teiler von t.

Wir werden diese Vermutung zunächst geometrisch, dann aber auch algebraisch – mit zahlentheoretischen Methoden – beweisen.

Zum anschaulich-geometrischen Beweis denken wir uns 2 Personen; jede von ihnen hat eine Stange vor sich aufgestellt. Die Stange der ersten Person hat die Länge a KL, die der zweiten die Länge b KL. Beide Stangen sind mit roten Ringen in Abschnitte T der Länge t KL unterteilt. Ist t ein gT von a und b, so enthält jede Stange eine ganzzahlige Anzahl derartiger T-Teile. Beide sind mit grünen Marken zugleich in eine ganzzahlige Anzahl T*-Abschnitte der Länge t* KL unterteilt, wobei t* der ggT von a und b sein soll.

Ein dritter Beteiligter sägt schrittweise von beiden Stangen Teilstücke nach den folgenden Vorschriften ab:

1. Grundsätzlich wird nur die längere Stange verkürzt.
2. Von ihr wird ein Stück abgesägt, das genau so lang ist wie die kürzere Stange.
3. Dies wird fortgeführt, bis beide Stangen gleichlang geworden sind.

Bei seiner Tätigkeit wird der dritte Beteiligte bald anfangen, sich zu wundern; denn er muß seine Säge jedesmal an Stellen ansetzen, die sowohl durch rote als auch gleichzeitig durch grüne Ringe gekennzeichnet sind.

Natürlich ist das nicht verwunderlich; denn wenn beide Stangen in irgendeiner Zwischenstation – wie bereits zu Beginn, im Anfangs- und Endpunkt – eine grüne und eine rote Marke zugleich tragen, so wird dies auch für die Stelle der längeren Stange zutreffen, die um die Länge der kürzeren von einem Ende entfernt ist.

Das bedeutet aber, daß die nach i-maligem Absägen der beiden Stangen erreichten Längen a_i KL bzw. b_i KL noch immer ganzzahlige Vielfache der Längen t KL bzw. t* KL sind. Wir wollen dies soweit an einem Beispiel verfolgen. 3 ist ein gT von 114 und 72. Also wählen wir a = 114, b = 72 und erhalten der Reihe nach als Kästchenzahlen (vgl. Fig. 1.4)

$$(114, 72), (42, 72), (42, 30), (12, 30), (12, 18), (12, 6)\ (6, 6).$$

Jede der auftretenden Zahlen ist ein Vielfaches von 3 und von 6.

Wegen $T_{114} = \{1, 2, 3, 6, 19, 38, 57, 114\}$,

$T_{72} = \{1, 2, 3, 4, 6, 8, 9, 12, 18, 24, 36, 72\}$

ist 6 der ggT von 114 und 72.

Wir können leicht nachprüfen, daß der ggT 6 jede Kästchenzahl der beiden Sorten von Zwischenlängen teilt. Damit beenden wir die Untersuchung des Beispiels.

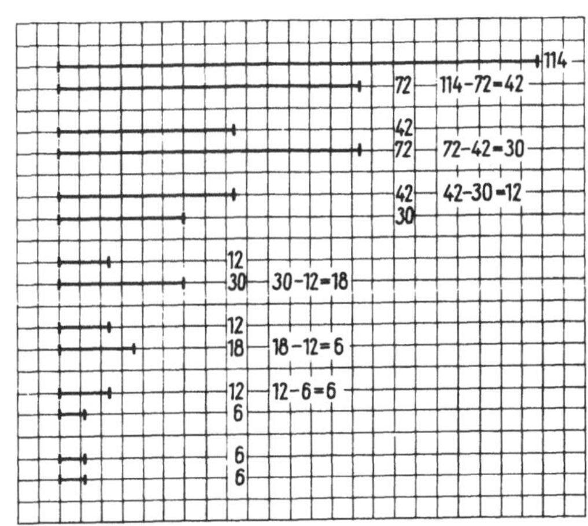

Fig. 1.4

Der schrittweise Prozeß des Absägens bricht in jedem Fall nach einer endlichen Zahl von Schritten mit zwei gleichlangen Stangen der Länge $a_n = b_n$ ab, spätestens dann, wenn $a_n = b_n = 1$ geworden ist.

Sowohl der gT t, der zu der Einteilung durch die roten Marken führte, als auch der ggT t^*, der zu den grünen Marken führte, teilt die schrittweise erreichten Anzahlen a_i und b_i – insbesondere auch die letzten $a_n = b_n$ –, es gilt also für alle i

$$t | a_i \text{ und } t | b_i \text{ und } t | a_n \quad t^* | a_i \text{ und } t^* | b_i \text{ und } t^* | a_n.$$

Wir können nun zeigen, daß a_n alle a_i, insbesondere also a und b, teilt. a_n ist daher selbst ein gT und wegen $t^* | a_n$ notwendig der ggT.

Um zu zeigen, daß a_n alle a_i teilt, leimen wir die abgeschnittenen Stücke der Stangen schrittweise – aber in umgekehrter Reihenfolge – wieder zu den ursprünglichen Stangen zusammen.

Sind irgendwann bei diesem Wiederaufbau die Längen der beiden bereits zusammengeleimten Stangen – wie zu Beginn dieses Prozesses – ganzzahlige Vielfache von a_n KL, so gilt dies auch noch, nachdem wir das nächste Stück aufgeleimt haben; denn hierbei wurde ein Abschnitt, der so lang ist wie der kürzere der beiden erreichten Aufbaustangen, auf eine von beiden – manchmal die kürzere, manchmal die längere – aufgeleimt. Da

A die Längen der beiden zusammengeleimten Stücke aber ein Vielfaches von a_n KL sind, ist es auch das zusammengeleimte Stück selbst. Nach diesem Schritt gilt also wieder, wie vor seiner Ausführung: die beiden jetzt erreichten Aufbaustangen haben Längen, die ein Vielfaches von a_n KL sind. Der gesamte Wiederaufbau führt also – von Anfang bis Ende – zu Längen, deren KL-Anzahl durch a_n teilbar ist. a_n ist ein gemeinsamer Teiler aller a_i und aller b_i – insbesonders daher auch von a und b. Nach unserer Zwischenüberlegung gilt daher $a_n = t^*$.

Da außerdem für das beliebig gewählte t gilt, daß es alle a_i, insbesondere dann auch a_n teilt, folgt $t \mid t^*$.

Die beschriebene Methode gestattet es, von 2 gegebenen Zahlen den größten gemeinsamen Teiler zu bestimmen. Dem geregelten Verkürzen der Stangen entspricht bei der Ablösung des Verfahrens auf reine Zahlen die folgende Verfahrensweise:

Von einem Paar gegebener Zahlen gewinnen wir ein neues Paar, indem wir jeweils von der größeren Zahl die kleinere subtrahieren.

Beispiel Ausgangszahlenpaar (6370, 2431),

2. Paar (3939, 2431), da 6370 – 2431 = 3939,
3. Paar (1508, 2431), da 3939 – 2431 = 1508.

Bei Fortführung erhalten wir die Paare

(1508, 923), (585, 923), (585, 338), (247, 338), (247, 91),
(156, 91), (65, 91), (65, 26), (39, 26), (26, 13), (13, 13).

Der größte gemeinsame Teiler von 6370 und 2431 ist also 13. Tatsächlich ist $6370 = 2 \cdot 5 \cdot 7^2 \cdot 13$, $2431 = 11 \cdot 17 \cdot 13$

Aufgabe 1.1 Zu bestimmen ist der größte gemeinsame Teiler von a) 10710 und 4199, b) 10780 und 24233.

Aufgabe 1.2 R sei ein Rechteck, dessen Seiten von den Gitterlinien eines quadratischen Gitters gebildet werden. Seine eine Seite enthalte a Quadratlängen des Grundgitters, die zweite enthalte b.

a) In wieviel Teilstücke wird eine Diagonale von R durch ihre Schnittpunkte mit den Gitterlinien zerlegt?

b) Ist t ein gemeinsamer Teiler von a und b, dann kann R auch in ein quadratisches Gitter eingebettet werden, bei dem die Grundquadrate c-mal so lang und c-mal so breit sind wie im Ausgangsgitter. In wieviel Teile zerfällt die Diagonale von R durch die Schnittpunkte mit den Gitterlinien des gröberen Gitters?

c) Es soll die Frage b) für den Sonderfall $t = t^* =$ ggT von a und b beantwortet werden.

Aufgabe 1.3 Übertragen Sie die Überlegungen des Textes, die zu der Aussage führten, daß jeder gT von a und b den ggT von a und b teilt, auf Rechtecke. Wir gehen dabei von einem Rechteck aus, dessen Seiten die Längen a KL bzw. b KL besitzen. Der Iterationsprozeß wird dann so beschrieben:

> Schneide in Richtung der längeren Seite jedesmal ein Quadrat mit der Seitenlänge der kürzeren ab.

1.4 Gemeinsame Teiler und Vielfache

A

In diesem Kapitel wollen wir die Zusammenhänge zwischen gemeinsamen Teilern und gemeinsamen Vielfachen zweier natürlicher Zahlen a und b durch einen Ausbau der allgemeinen Untersuchungen im Zusammenhang mit (1.3) vertiefen.

Wir beginnen mit einer Ergänzung zum Begriff des ggT. Es kommt nämlich vor, daß der Durchschnitt von 2 Teilermengen minimal klein ist. Er besteht dann – wie im folgenden Beispiel a allein aus der Zahl 1: Es ist

$$T_{24} = \{1, 2, 3, 4, 6, 8, 12, 24\}, \qquad T_{35} = \{1, 5, 7, 35\}$$

und daher

$$T_{24} \cap T_{35} = \{1\}.$$

Der ggT von 24 und 35 ist also 1. Man sagt auch, daß 24 und 35 teilerfremd sind, weil man die 1 nicht zu den eigentlichen Teilern zählt.

Wir knüpfen an den früheren Ansatz $v = \alpha b = \beta a$ und $v^* = \alpha^* b = \beta^* a$ (wobei v^* das kgV von a und b ist) an. Dort fanden wir eine Zahl k, mit der wir schreiben konnten

$$v = kv^*, \qquad \alpha = k\alpha^*, \qquad \beta = k\beta^*. \tag{1.3}$$

Wir wollen zuerst zeigen, daß hier α^* und β^* teilerfremd sind. Setzen wir nämlich

$$\alpha^* = t\alpha' \quad \text{und} \quad \beta^* = t\beta' \quad \text{mit } t \geqslant 1,$$

so folgt

$$v^* = t\alpha' b = t\beta' a \quad \text{und daher} \quad \alpha' b = \beta' a.$$

Diese Zahl kürzen wir durch v' ab, sie ist ja ein gV von a und b. Für v' gilt aber

$$v^* = tv',$$

und daher ist v' genau dann kleiner als v^*, wenn $t > 1$.

v^* sollte aber das kleinste gemeinsame Vielfache sein, deshalb muß notwendig $t = 1$ gelten, d. h., α^* und β^* können keinen gemeinsamen Teiler t mehr enthalten, der größer ist als 1. Ihr ggT ist also 1.

Die durchgeführte Überlegung führt zu dieser Aussage:

> Ist $v^* = \alpha^* b = \beta^* a$ das kgV von a und b,
> so ist der ggT von α^* und β^* gleich 1. (1.4)

Zu einer weiteren Aussage verhilft uns (1.3), wenn wir dort für v das spezielle gV $a \cdot b$ von a und b einsetzen. Jetzt nehmen in $v = \alpha b = \beta a$ die von v abhängigen Zahlen α und β die speziellen Werte $\alpha = a$ bzw. $\beta = b$ an. Aus (1.3) folgt dann – wenn wir den dort auftretenden speziellen Wert für k jetzt t^* nennen –

$$a \cdot b = t^* v^* \quad \text{und} \quad b = t^* \beta^* \quad \text{und} \quad a = t^* \alpha^*. \tag{1.5}$$

t^* ist gemeinsamer Teiler von a und b.

A Um zu weiteren Aussagen über gemeinsame Teiler von a und b zu kommen, setzen wir

$$a = \alpha t, \qquad b = \beta t.$$

Jeder Ansatz dieser Form mündet aber wegen $\beta a = \alpha\beta t = \alpha b = v$ in den Ansatz ein, der zu (1.3) führte. Hier allerdings dürfen wir α und β nicht mehr – wie dort – beliebig wählen. Hier muß α ein Teiler von a und β ein Teiler von b sein. Trotz dieser Einschränkung gilt (1.3), da für die als Komplementärteiler zu t auftretenden Zahlen α und β der zu (1.3) führende Ansatz richtig ist.

Wegen (1.5) dürfen wir die in (1.3) aufgetretenen Zahlen α^* und β^* zu dem weiteren Ansatz $a = \alpha^* t^*$, $b = \beta^* t^*$ benutzen, der entsprechend zu $v^* = \beta^* a = \alpha^* b = \alpha^* \beta^* t^*$ führt.

Insgesamt also haben wir

$$\begin{array}{l} a = \alpha t = \alpha^* t^* \\ b = \beta t = \beta^* t^* \end{array} \quad \text{und daraus} \quad \begin{array}{l} v = \beta a = \alpha b \\ v^* = \beta^* a = \alpha^* b \end{array} \quad \text{und daraus} \quad \begin{array}{l} \alpha = k\alpha^*, \\ \beta = k\beta^*, \\ v = kv^*. \end{array}$$

Setzen wir die zuletzt gewonnenen Produktdarstellungen für α und β in $a = \alpha t$, $b = \beta t$ ein, so folgt

$$\begin{array}{l} a = \alpha t = \alpha^* t^* = k\alpha^* t \\ b = \beta t = \beta^* t^* = k\beta^* t \end{array} \quad \text{und damit} \quad t^* = kt, \tag{1.6}$$

und da dies für jeden gT t von a und b gilt, muß notwendig t^* der ggT von a und b sein.

Insgesamt folgt so

Satz 1.2 (S a t z ü b e r g e m e i n s a m e T e i l e r u n d V i e l f a c h e) a) Jedes gemeinsame Vielfache v von 2 Zahlen a und b ist Vielfaches vom kgV v^* von a und b: In

$$v = kv^*$$

kann k jede natürliche Zahlen sein.

b) Jeder gemeinsame Teiler t von 2 Zahlen a und b ist selbst Teiler vom ggT t^* von a und b: Es gibt also zu jedem Teiler t eine natürliche Zahl k, so daß

$$t^* = k \cdot t$$

gilt. k ist hier selbst Teiler von t^*.

c) Insbesondere gibt es zu jedem Paar a, b natürlicher Zahlen zwei Zahlen α^*, β^* mit dem ggT 1, so daß

$$a = \alpha^* t^*, \quad b = \beta^* t^* \quad \text{und} \quad v^* = \beta^* a = \alpha^* b \quad \text{und} \quad v^* = \alpha^* \beta^* t^*$$

ist.

d) Schließlich gilt

$$a \cdot b = v^* \cdot t^* \quad \text{mit} \quad \begin{array}{l} v^* = \text{kgV von a und b}, \\ t^* = \text{ggT von a und b}. \end{array}$$

e) Sind a und b teilerfremd, so gilt $t^* = 1$ und damit $v^* = a \cdot b$.

1.5 Produktdarstellung natürlicher Zahlen

A

Die Feststellung, daß eine Zahl t echter Teiler ($t \neq 1 \wedge t \neq n$) einer Zahl $n \neq 1$ ist, führt uns zu einer multiplikativen Zerlegung von n, denn es gibt in diesem Fall eine weitere Zahl s ($s \neq 1 \wedge s \neq n$), so daß

$$n = s \cdot t.$$

Dabei ist s selbst wieder ein echter Teiler von n, der Komplementärteiler von t bezüglich n.

Wir wollen daraus eine einfache Folgerung ziehen. Ist n keine Quadratzahl, so ist notwendig $s \neq t$. Daher ist die Anzahl der echten Teiler in einem derartigen Fall gerade. Das gilt aber auch für die Anzahl aller Teiler, da zu den echten Teilern noch die „unechten" Teiler 1 und a hinzutreten.

Ist dagegen n eine Quadratzahl, ($n = m^2$), so ist die Anzahl der echten sowohl als auch die Anzahl aller Teiler ungerade, da in genau einem Teilerprodukt – nämlich $m \cdot m$ –, beide Faktoren gleich, sonst aber verschieden sind.

Beispiele liefern uns die beiden Zahlen 180 (keine Quadratzahl) und 144 (Quadratzahl).

$$180 = 1 \cdot 180 = 2 \cdot 90 = 3 \cdot 60 = 4 \cdot 45 = 5 \cdot 36 = 6 \cdot 30 = 9 \cdot 20$$
$$= 10 \cdot 18 = 12 \cdot 15,$$
$$144 = 1 \cdot 144 = 2 \cdot 72 = 3 \cdot 48 = 4 \cdot 36 = 6 \cdot 24 = 8 \cdot 18 = 9 \cdot 16$$
$$= 12 \cdot 12.$$

Im ersten Fall erhalten wir 9 Produkte und 18 verschiedene Teiler. Im zweiten Fall erhalten wir 8 Produkte, in einem stimmen die beiden Faktoren überein, die Anzahl 15 aller Teiler ist ungerade.

Die sich leicht an einem derartigen Beispiel einstellende Vermutung, daß die Anzahl der Teiler wächst, wenn die Zahl größer wird, ist selbstverständlich falsch.

So hat 145 weniger Teiler als 144, nämlich 4, da in der einzigen nichttrivialen Zerlegung $145 = 5 \cdot 29$ beide Teiler nicht weiter zerlegt werden können, es gibt 4 Teiler.

Die noch größere Zahl 149 dagegen gestattet allein die triviale Zerlegung $149 = 1 \cdot 149$, sie besitzt nur die beiden trivialen Teiler 1 und sich selbst, sie ist eine Primzahl; denn nach unserer Festlegung ist eine Zahl p genau dann eine Primzahl, wenn sie von 1 verschieden ist und nur die beiden trivialen Teiler 1 und p – und sonst keine – besitzt.

Auch eine Fortsetzung der Eingangsüberlegungen dieses Abschnittes führt uns auf Primzahlen. Ist nämlich die Zerlegung von $n > 1$ in zwei Teiler $n = s \cdot t$ ($s, t \neq 1$) geglückt, so sind s und t neue natürliche Zahlen, die kleiner sind als n.

Möglicherweise können wir sie ihrerseits in weitere Teiler, die dann auch Teiler von n sind, weiterzerlegen.

Wir greifen in dem 2. der beiden oben genannten Beispiele $144 = 4 \cdot 36$ heraus. Da $4 = 2 \cdot 2$ und $36 = 3 \cdot 12$ gewinnen wir $144 = (2 \cdot 2) \cdot (3 \cdot 12) = 2 \cdot 2 \cdot 3 \cdot 12$.

Da die so sukzessiv entstehenden Faktoren immer kleiner werden, muß der Zerlegungsprozeß irgendwann aufhören.

A Im Beispielsfall ist dies erreicht bei der Produktdarstellung

$$144 = 2 \cdot 2 \cdot 2 \cdot 2 \cdot 3 \cdot 3 = 2^4 \cdot 3^2.$$

In diesen Endprodukten finden wir als Faktoren ausschließlich Primzahlen; denn träte darin eine Nichtprimzahl auf, so könnte man sie nichttrivial zerlegen, das Endprodukt wäre noch nicht erreicht gewesen.

In diesem Zusammenhang tauchen einige Fragen auf, die wir der Reihe nach erledigen wollen.

1. Wie erkennt man am schnellsten, ob eine vorgegebene Zahl Primzahl ist?
2. Gibt es genau nur eine Produktdarstellung mit Primzahlen?
3. Wie kann man die Anzahl aller Teiler einer Zahl aus ihrer Produktdarstellung berechnen?
4. Wie erkennt man in der Produktdarstellung von 2 Zahlen a und b den größten gemeinsamen Teiler und das kleinste gemeinsame Vielfache?

Wir beginnen mit der 1. Frage. Um festzustellen, ob z. B. 149 eine Primzahl ist, versuchen wir, 149 der Reihe nach durch alle Zahlen zu teilen, die kleiner sind als 149. Falls alle diese Divisionen nicht aufgehen, dann ist 149 eine Primzahl; geht aber auch nur eine auf, so ist 149 keine Primzahl. Bevor wir aber mit dieser schrecklichen Arbeit beginnen, fragen wir uns, ob wir wirklich alle 147 Divisionen (149 : 2, 149 : 3, . . . , 149 : 148) durchführen müssen. Es ist tröstlich, daß wir mit sehr viel weniger auskommen, es genügen die 11 Versuche 149 : 2, 149 : 3, . . . , 149 : 12 – denn es ist $12 \cdot 12 = 144$, $13 \cdot 13 = 169$. Gäbe es also eine nichttriviale Produktdarstellung $149 = s \cdot t$, so wäre entweder s oder t kleiner als 13.

Wir können aber die Anzahl der Kontrolldivisionen noch weiter einschränken. Es genügt nämlich, zu untersuchen, ob eine der Primzahlen, kleiner als 13, Teiler von 149 ist, warum? Wir müssen also untersuchen, ob 149 ein Vielfaches einer Primzahl, kleiner als 13, ist. Da

$$149 = 74 \cdot \underline{2} + 1 = 49 \cdot \underline{3} + 2 = 29 \cdot \underline{5} + 4 = 21 \cdot \underline{7} + 2 = 13 \cdot \underline{11} + 6 \text{ ist,}$$

trifft es nicht zu, daß 149 ein derartiges Vielfaches ist, 149 ist Primzahl.

Zu derartigen Untersuchungen über den Primzahlcharakter größerer Zahlen sind also Vielfache der kleineren Primzahlen zu bilden. Es ist sinnvoll, dies prinzipiell, für alle Fälle, zu tun, um nicht bei jedem Primzahlproblem neu anfangen zu müssen. Das führt uns zu einer Methode zur sukzessiven Bestimmung von Primzahlen, die unter dem anschaulichen Namen Sieb des Eratosthenes von den Griechen überliefert wurde.

Dazu denken wir uns alle natürlichen Zahlen, außer der 1, der Reihe nach hingeschrieben. Wir begnügen uns hier mit den Zahlen von 2 bis 51.

Tab. 1.1

2	3	~~4~~	5	~~6~~	7	~~8~~	~~9~~	~~10~~	11	~~12~~	13	~~14~~
~~15~~	~~16~~	17	~~18~~	19	~~20~~	~~21~~	~~22~~	23	~~24~~	~~25~~	~~26~~	~~27~~
~~28~~	29	~~30~~	31	~~32~~	~~33~~	~~34~~	~~35~~	~~36~~	37	~~38~~	~~39~~	~~40~~
41	~~42~~	43	~~44~~	~~45~~	~~46~~	47	~~48~~	~~49~~	~~50~~	~~51~~		

Zuerst streichen wir alle Vielfachen der Form $n \cdot 2$ mit $n > 1$, also die Zahlen 4, 6, 8, ... Keine von ihnen ist – als Vielfaches von 2 – eine Primzahl. Dann streichen wir die Vielfachen der ersten nicht durchgestrichenen Zahl, hier also der „3", aber ohne diese selbst. Das kann ganz mechanisch erfolgen: man streicht jede 3. Zahl nach der „3".

Die nächste nicht durchgestrichene Zahl ist die „5". Sie muß Primzahl sein, da sie keinen (kleineren) Primteiler besitzt – dann nämlich wäre sie durchgestrichen. Wieder streichen wir die Zahlen $n \cdot 5$ mit $n > 1$ durch. Dann finden wir die „7" als nächste nicht durchgestrichene Zahl. Wir streichen also ihre Vielfachen, ohne sie selbst. Dies wird entsprechend weitergeführt.

Wir beobachten 1., daß auf diese Weise bis zu einer bestimmten Stelle allein die Primzahlen stehenbleiben. Geben wir 2. durch die Neigung des Striches beim Durchstreichen der Vielfachen an, von welcher Primzahl wir gerade die Vielfachen streichen, so können wir schließlich ablesen, welche verschiedenen Primzahlen im Zerlegungsprodukt der durchgestrichenen Zahlen auftreten. Dies ist oben durchgeführt. (Bis zur Primzahl 7 einschließlich, über diesen ersten 4 Primzahlen ist die ihnen zugeordnete Durchstreichrichtung angegeben.)

Wir lesen daraus z. B. ab, daß in der „10" allein die Primzahlen 2 und 5, in der „16" allein die Primzahl 2, in der „18" die Primzahlen 2 und 3 „stecken". So ist die Endzerlegung leicht zu finden:

$$10 = 2 \cdot 5, \quad 16 = 2 \cdot 2 \cdot 2 \cdot 2 = 2^4, \quad 18 = 2 \cdot 3^2.$$

Jede natürliche Zahl läßt sich also als Produkt von Primzahlen und Primzahlpotenzen darstellen. Nennen wir die Primzahlen der Reihe nach $p_1, p_2, p_3, \ldots$ ($p_1 = 2, p_2 = 3, p_3 = 5$) usw., so bekommt jede natürliche Zahl eine Produktdarstellung der Form

$$n = p_1^{\alpha_1} \cdot p_2^{\alpha_2} \cdot p_3^{\alpha_3} \ldots \tag{1.7}$$

Dabei wird $\alpha_i = 0$ gesetzt, falls die Primzahl p_i im Produkt nicht auftritt. Von einem von a abhängigen Index j an sind alle α_i mit $i \geqslant j$ gleich Null. Es könnte aber sein, daß die Darstellung (1.7) z. B. davon abhängt, von welcher Ausgangszerlegung $n = s \cdot t$ wir ausgegangen sind.

Aufgabe 1.4 Nachdem wir beim „Sieben" nach Eratosthenes die Vielfachen von $p_1 = 2$ und $p_2 = 3$ gestrichen haben, sind in unserer Liste bereits alle Primzahlen bis 24 – als die noch nicht durchgestrichenen Zahlen – gefunden.

a) In welchem Zahlenabschnitt sind alle nichtgestrichenen Zahlen Primzahlen, falls man auch noch die Vielfachen von $p_3 = 5$ oder gar noch die Vielfachen von $p_4 = 7$ streicht?

b) Bis zu welcher Primzahl p_n muß man den Prozeß des Vielfachenstreichens fortsetzen, um alle Primzahlen unter 1000 als genau die noch nicht gestrichenen Zahlen zu identifizieren?

Mit unseren Untersuchungen ist die Frage 1 beantwortet. Zur Beantwortung der 2. Frage, ob es Zahlen mit verschiedenen Primzahlzerlegungen gibt, beweisen wir vorweg einen wichtigen Hilfssatz.

Zunächst stellen wir fest, daß zwei verschiedene Primzahlen p und q teilerfremd sind, d. h., daß 1 ihr einziger gT und damit der größte gT ist. p als Primzahl besitzt als Teiler

A allein 1 und p; q hat dagegen 1 und q als Teiler. Da wir $p \neq q$ vorausgesetzt haben, bleibt allein die 1 als gemeinsamer Teiler übrig.

Nach der Teilaussage e) von Satz 1.2 folgt aber daraus, daß $V_p \cap V_q = V_{p \cdot q}$ ist. Das wiederum bedeutet, daß jedes gemeinsame Vielfache $v = mq = np$ von p und q sich als Vielfaches $k \cdot p \cdot q$ von $p \cdot q$ schreiben läßt.

Gilt also für 2 verschiedene Primzahlen p und q die Gleichung $mq = np$, so gibt es ein k, so daß

$$mq = np = kpq$$

gilt. Daraus aber folgt $m = k \cdot p$ und $n = k \cdot q$. Damit haben wir aber bereits den Beweis des Hilfssatzes 1.3 vor Augen:

Satz 1.3 Sind p und q verschiedene Primzahlen, so können wir aus $q | np$ schließen, daß $q | n$.

Zur Begründung erinnern wir uns an die Definition der Teilbarkeit: $q | np$ heißt, daß es eine natürliche Zahl n gibt, so daß $mq = np$ ist. Aus unseren Vorüberlegungen folgt aber daraus, daß es ein k gibt, so daß $k \cdot q = n$ gilt, mit anderen Worten $q | n$.

Jetzt können wir mit einem Widerspruchsbeweis leicht die Eindeutigkeit der Primzahlzerlegung beweisen. Wir zeigen also die Gültigkeit von

Satz 1.4 Es kann niemals vorkommen, daß eine natürliche Zahl n zwei verschiedene Zerlegungen

$$n = p_1 \cdot p_2 \cdot \ldots \cdot p_r = q_1 \cdot q_2 \cdot \ldots \cdot q_s$$

mit $p_i \neq q_j$ und $p_i \neq 1$, $p_j \neq 1$ für alle i, j besitzt.

In diesem Ansatz haben wir – was selbstverständlich erlaubt ist – jede Primzahl einzeln aufgeführt, d. h., statt 5^3 das Produkt $5 \cdot 5 \cdot 5$ hingeschrieben.

Zur Verdeutlichung des Gedankenganges im Beweis führen wir die Zahlen $n = Q_1, Q_2, \ldots, Q_s = q_s$ so ein:

$$\begin{array}{lllll}
Q_2 = q_2 \cdot q_3 \cdot q_4 \cdot \ldots \cdot q_{s-1} \cdot q_s, & \text{so daß } n = Q_1 & = q_1 \cdot & Q_2 \\
Q_3 = \quad q_3 \cdot q_4 \cdot \ldots \cdot q_{s-1} \cdot q_s, & \text{so daß } Q_2 & = q_2 \cdot & Q_3 \\
Q_4 = \quad\quad q_4 \cdot \ldots \cdot q_{s-1} \cdot q_s, & \text{so daß } Q_3 & = q_3 \cdot & Q_4 \\
\vdots \quad\quad\quad \vdots & \vdots & & \vdots \\
Q_{s-1} = \quad\quad q_{s-1} \cdot q_s, & \text{so daß } Q_{s-2} & = q_{s-2} \cdot & Q_{s-1} \\
Q_s = \quad\quad\quad q_s, & \text{so daß } Q_{s-1} & = q_{s-1} \cdot & Q_s
\end{array}$$

Ist nun p irgendeine der Primzahlen der linken Seite, so folgt

$p | Q_1$ bedeutet $p | q_1 \cdot Q_2$ und daraus – wegen $p \neq q_1$ nach Satz 1.3 – $p | Q_2$,

$p | Q_2$ bedeutet $p | q_2 \cdot Q_3$ und daraus – wegen $p \neq q_2$ nach Satz 1.3 – $p | Q_3$.

Dies können wir schrittweise weiterführen, bis wir nach s – 2 Schritten auf die letzten Zeilen **A**

$p \mid Q_{s-1}$ bedeutet $p \mid q_{s-1} \cdot Q_s$ und daraus – wegen $p \neq q_{s-1}$ nach Satz 1.3 – $p \mid Q_s$,

$p \mid Q_s$ bedeutet $p \mid q_s$ und daraus – wegen $p \neq q_s$ nach Satz 1.3 – $p \mid 1$,

was unmöglich ist.

Damit ist auch die Frage 2 in dem Sinn beantwortet, daß es für jede natürliche Zahl genau nur eine Primzahlzerlegung der Form (1.7) gibt.

Um zu einer Vermutung über die Anzahl der Teiler zu kommen, schreiben wir Tab. 1.2 auf.

Tab. 1.2

n	Exponenten von 2	3	5	7	...	Anzahl der Teiler
3	0	1	0	0	0	2
4	2	0	0	0	0	3
6	1	1	0	0	0	4
12	2	1	0	0	0	6
16	4	0	0	0	0	5
18	1	2	0	0	0	6
20	2	0	1	0	0	6
28	2	0	0	1	0	6
45	0	2	1	0	0	6
60	2	1	1	0	0	12

Aufgabe 1.5 In Tab. 1.2 fällt auf, daß beim Auftreten der Exponenten 1 und 2 die Anzahl 6 der Teiler unabhängig davon ist, in welcher Spalte die Exponenten auftreten. Warum muß das so sein? Warum verdoppelt sich die Anzahl der Teiler, wenn in einer neuen Spalte zusätzlich eine 1 auftaucht?

Wir unterscheiden einige mögliche Fälle:

1. a ist eine Primzahl $a = p_i$. Dann tritt genau nur in der Spalte mit der Nummer i der Exponent $\alpha_i = 1$ auf, alle anderen α_j sind Null. Da die Menge der Teiler $T_{p_i} = \{1, p_i\}$ ist, ist die Anzahl der Teiler gleich 2.

2. a ist eine Primzahlpotenz $a = p_i^{\alpha_i}$ mit $\alpha_i > 1$. In der i-ten Spalte allein tritt die von 0 verschiedene Zahl α_i auf. Die Anzahl der Teiler ist wegen $T_a = \{1, p_i, p_i^2, \ldots, p_i^{\alpha_i}\}$ gleich $\alpha_i + 1$.

3. Der Exponent 1 tritt genau zweimal auf, etwa bei p_i und p_j mit $a = p_i \cdot p_j$, dann wird $T_a = \{1, p_i, p_j, p_i \cdot p_j\}$, und die Anzahl der Teiler ist 4.

Durch den Fall 2 werden wir darauf aufmerksam, daß es bei der Bestimmung nicht auf die Zahl α im Exponenten, sondern auf $\alpha + 1$ ankommt. Die dann naheliegende Vermutung

A $$n = p_1^{\alpha_1} \cdot p_2^{\alpha_2} \cdot \ldots \cdot p_i^{\alpha_i} \text{ hat } (\alpha_1 + 1) \cdot (\alpha_2 + 1) \cdot \ldots \cdot (\alpha_i + 1) \text{ Teiler} \qquad (1.8)$$

wird in allen Fällen der Tabelle bestätigt; z. B. bei 60 mit $\alpha_1 = 2, \alpha_2 = \alpha_3 = 1$ folgt $(2 + 1) \cdot (1 + 1) \cdot (1 + 1) = 12$.

Die Vermutung (1.8) wird durch Graphen der Relation „x ist Teiler von y" erhärtet. In Fig. 1.6 haben wir einige Beispiele aufgezeichnet. Dabei handelt es sich um Hasse-Diagramme über den Mengen T_a, bei denen Reflexibilitäts- und Transitivitätspfeile weggelassen werden.

Für jede Primzahl wählen wir eine bestimmte Pfeilrichtung, wir hängen hier soviel Pfeile aneinander, wie der Exponent angbit. Im Fall a = 60 entsteht so z. B. Fig. 1.5.

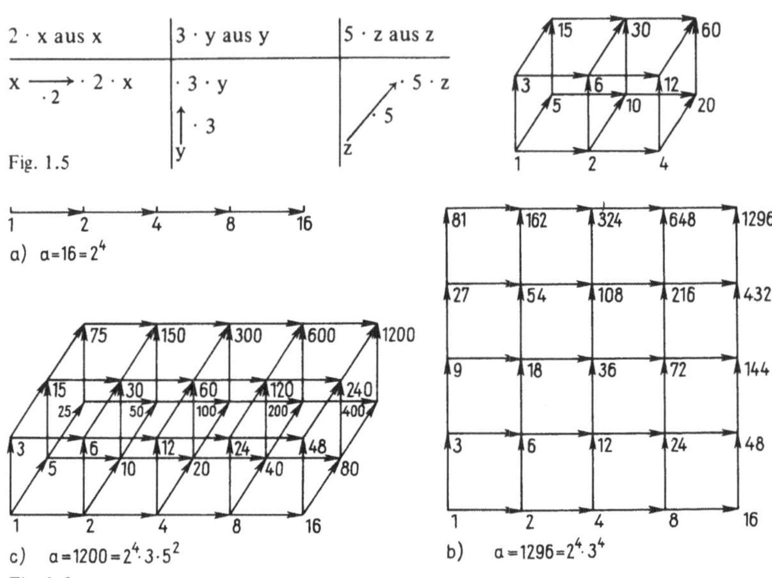

Fig. 1.5

Fig. 1.6

Im Fall $a_1 = 2^\alpha$ (Fig. 1.6a) treten α gleichgerichtete Pfeile und $\alpha + 1$ Punkte auf. Jeder Punkt (einschließlich 1 und 2^α) ist ein Teiler, es gibt also $\alpha + 1$ Teiler.

Im Fall $a_2 = 2^\alpha \cdot 3^\beta$ (Fig. 1.6b) erhalten wir ein Gitter, in dem der zuerst gewonnene Bestandteil von a_1 insgesamt β-mal um eine Pfeillänge nach oben gehoben wird. Es gibt also $(\alpha + 1) \cdot (\beta + 1)$ Punkte, d. h. Teiler.

In $a_3 = 2^\alpha \cdot 3^\beta \cdot 5^\delta$ (Fig. 1.6c) wird das ebene Gitter zusätzlich um δ Schritte in die 3. Richtung geschoben. Es entstehen $(\alpha + 1) \cdot (\beta + 1) \cdot (\delta + 1)$ Punkte.

Um einen induktiven Beweis für (1.8) zu führen, wählen wir (1.8) als Aussage A(n). Wir haben A(1) als zutreffend zu zeigen und dann die Implikation $\bigwedge_{n \geq 1} A(n) \Rightarrow A(n + 1)$ zu beweisen.

1. A(1) ist wahr; denn $a_1 = p_1^{\alpha_1}$ hat die Teiler $p_1^0, p_1^1, p_1^2, \ldots p_1^{\alpha_1}$, das sind $(\alpha_1 + 1)$ Teiler.

2. Beim Übergang von $A(n)$ zu $A(n+1)$ tritt zu $a_n = p_1^{\alpha_1} \cdot p_2^{\alpha_2} \cdot \ldots p_n^{\alpha_n}$ die Primzahl p_{n+1} mit dem Exponenten α_{n+1} als $(n+1)$-ter Faktor. Alle Teiler von a_{n+1} entstehen aus denen von a_n. Jeder Teiler von a_n liefert $\alpha_{n+1} + 1$ Teiler von a_{n+1}, wenn man ihn mit genau einer der Potenzen $p_{n+1}^0 (= 1)$, $p_{n+1}^1 (= p_{n+1})$, $p_{n+1}^2, \ldots p_{n+1}^{\alpha_{n+1}}$ multipliziert. A

Da so alle Teiler von a_{n+1} entstehen – und natürlich jeder genau einmal auftritt –, hat a_{n+1} genau $(\alpha_{n+1} + 1)$ mal soviel Teiler wie a_n, d. h. $(\alpha_1 + 1) \cdot (\alpha_2 + 1) \cdot \cdot \ldots \cdot (\alpha_n + 1) \cdot (\alpha_{n+1} + 1)$.

Es ist wichtig zu bemerken, daß diese Überlegung auch für den Fall $\alpha_{n+1} = 0$ zutrifft.

1.6 Eine graphische Darstellung für natürliche Zahlen

Wir gewinnen aus der formalen Darstellung (1.7) eine Grafik. Dazu wählen wir ein quadratisches Gitter (Fig. 1.7). Die Spalten werden der Reihe nach den Primzahlen $p_1 = 2$, $p_2 = 3$, $p_3 = 5, \ldots$ zugeordnet. Für jede natürliche Zahl a gewinnen wir eine Gitterfläche, wenn wir in der i-ten Spalte, die p_i zugeordnet ist, die unteren α_i übereinanderhängenden Kästchen des Gitters kennzeichnen, etwa durch eine Schraffur. Diese Kennzeichnung führen wir für alle Primzahlen p_i durch, die in a auftreten. Die a zugeordnete Fläche ist also nicht unbedingt zusammenhängend. Beispiele sind in Fig. 1.7 angegeben.

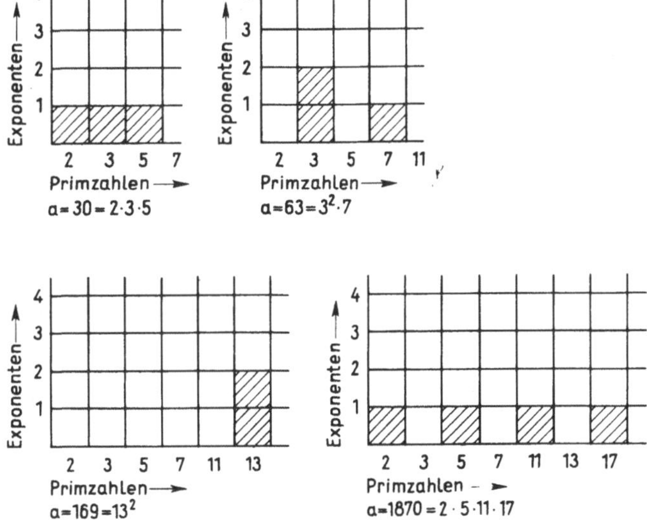

Fig. 1.7

Ist

$$a = p_1^{\alpha_1} \cdot p_2^{\alpha_2} \cdot \ldots \cdot p_n^{\alpha_n}, \qquad b = p_1^{\beta_1} \cdot p_2^{\beta_2} \cdot \ldots \cdot p_m^{\beta_m},$$

$$a \cdot b = c = p_1^{\delta_1} \cdot \ldots \cdot p_k^{\delta_k}, \tag{1.9}$$

A so stellen wir fest:

1. Wir dürfen $m = k = n$ setzen; denn ist z. B. $m < n$, so setzen wir die Folge der Faktoren durch $p_{m+1}^{\beta_{m+1}} \cdot \ldots \cdot p_n^{\beta_n}$ fort, wählen aber $\beta_i = 0$ für alle $i \in \{m+1, n+2, \ldots, n\}$.
2. Die Exponenten δ_i des Produktes $a \cdot b = c$ lassen sich leicht aus denen von a und b aus Potenzgesetzen ableiten. Es ist $\delta_i = \alpha_i + \beta_i$ für alle $i \in \{1, 2, \ldots, n\}$.
3. Umgekehrt folgt dann

$$c : b = a = p_1^{\delta_1 - \beta_1} \cdot p_2^{\delta_2 - \beta_2} \cdot \ldots \cdot p_n^{\delta_n - \beta_n}$$

d. h., $b = p_1^{\beta_1} \cdot \ldots \cdot p_n^{\beta_n}$ ist genau dann ein Teiler von $c = p_1^{\delta_1} \cdot \ldots \cdot p_n^{\delta_n}$ wenn $\beta_i \leqslant \delta_i$ für alle $i \in \{1, 2, \ldots, n\}$ gilt.

In der Grafik bedeutet dies, daß wir das Produkt zweier grafisch gegebener Zahlen dadurch bilden, daß wir die Kästchen einer Spalte beider Zahlen übereinanderschichten. Fig. 1.8 zeigt dies z. B. für $90 \cdot 70 = 6300$.

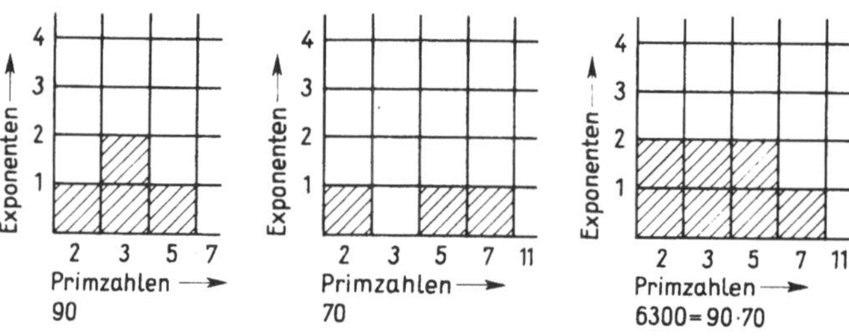

Fig. 1.8

Die Tatsache, daß c ein Teiler von a ist, läßt sich ebenfalls einfach an den Bildern von a und c ablesen. Denkt man sich die c zugehörige Grafik auf durchsichtige Folie aufgezeichnet, so dürfen die schraffierten c-Flächen an keiner Stelle die a-Fläche verlassen, sie müssen ganz in deren Inneren liegen. Man wird veranlaßt, darüber nachzudenken, ob man diesen Zusammenhang nicht mit dem mengentheoretischen Begriff „Teilmenge“ beschreiben kann. Dazu wird jedes Kästchen im quadratischen Gitter eindeutig durch ein Zahlenpaar (p, e) gekennzeichnet, in dem p diejenige Primzahl ist, in deren Gitterstreifen das Kästchen liegt, während e die von unten nach oben gezählte Nummer des Kästchens dieser Spalte ist. So wird z. B. 90 durch die Paarmenge $\{(2,1), (3,1), (3,2), (5,1)\}$ dargestellt. Eine Paarmenge stellt genau dann eine Zahl dar, wenn mit jedem Paar (p, e) $(e > 1)$ auftretenden Paar auch stets das Paar $(p, e-1)$ auftritt; denn damit wird garantiert, daß die Kästchen eines Streifens unten anfangen und daß keine Lücke auftritt.

Es ist leicht einzusehen, daß jede derartige Paarmenge A umgekehrt eindeutig einer natürlichen Zahl a zugeordnet wird.

Nach dieser Klärung können wir sagen, c teilt a genau dann, wenn für die zugehörige Kästchenmenge $C \subset A$ gilt.

Sind weiter A und B die Bilder der natürlichen Zahlen a und b und sind den Bildern von $C = A \cap B$ bzw. $D = A \cup B$ die Zahlen c bzw. d zugeordnet, so ist c nach (I) der größte gemeinsame Teiler und d nach (II) das kleinste gemeinsame Vielfache von a und b. A

(I) 1. c ist gemeinsamer Teiler, da $A \cap B$ [= C] $\subset$ A, $A \cap B$ = [= C] $\subset$ B gilt.

2. Einen größeren Teiler von a und b kann es nicht geben, da es außerhalb von $A \cap B$ kein Flächenstück gibt, das zugleich Teilmenge von A und B ist.

(II) 1. d ist gemeinsames Vielfaches, da $A \subset (A \cup B)$ [= D], $B \subset (A \cup B)$ [= D].

2. Ein kleineres Vielfaches von a und b kann es nicht geben, da die zugehörige Fläche sonst ein A oder B angehörendes Kästchen auslassen müßte.

Der Durchschnitt $A \cap B$ steigt in jedem vertikalen Gitterstreifen so hoch, wie dieser durch beide, die Flächen für A und die Fläche für B belegt ist; d. h. bis einschließlich zum letzten gemeinsam belegten Gitterquadrat. Das bedeutet, daß

$$t^* = p_1^{\min(\alpha_1, \beta_1)} \cdot p_2^{\min(\alpha_2, \beta_2)} \cdot \ldots \cdot p_n^{\min(\alpha_n, \beta_n)} \tag{1.10}$$

die Darstellung für den größten gemeinsamen Teiler von a und b ist. Andererseits umfaßt die Vereinigung $A \cup B$ von A und B von jedem vertikalen Gitterstreifen so viel Kästchen, wie sie von A oder von B belegt sind. Sie steigt also bis zum obersten überhaupt belegten Gitterquadrat an. Das bedeutet, daß

$$v^* = p_1^{\max(\alpha_1, \beta_1)} \cdot p_2^{\max(\alpha_2, \beta_2)} \cdot \ldots \cdot p_n^{\max(\alpha_n, \beta_n)} \tag{1.11}$$

die Darstellung für das kleinste gemeinsame Vielfache von a und b ist.

Ein Beispiel für die vorangegangenen Überlegungen ist in Fig. 1.9 behandelt.

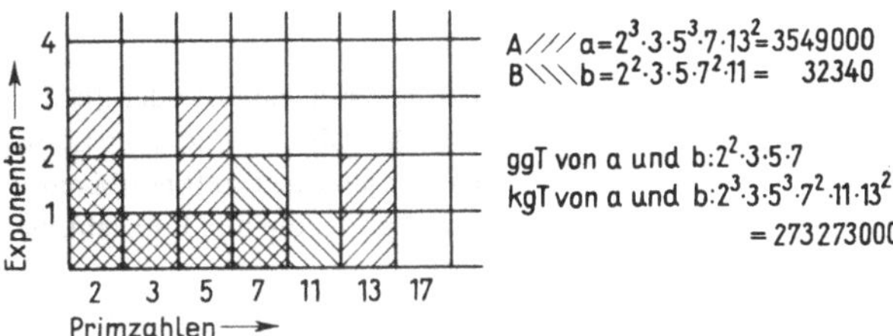

Fig. 1.9

Aufgabe 1.6 Wir haben festgestellt, daß

1. jeder gemeinsame Teiler von a und b auch Teiler des größten gemeinsamen Teiles von a und b ist,

2. jedes gemeinsame Vielfache von a und b auch Vielfaches des kleinsten gemeinsamen Vielfachen von a und b ist.

Diese Tatsachen sollen mit Hilfe der Darstellungen (1.10) bzw. (1.11) begründet werden.

Wir wollen mit Hilfe der gewonnenen Hilfsmittel noch einmal das Problem der sukzessiven Gewinnung der Primzahlen aufgreifen. Dabei lassen wir uns von dem Gedanken leiten, daß in der Darstellung gemäß (1.7) der Differenz (oder der Summe) von 2 Zahlen x und y, genau nur dann bereits eine in x vorkommende Primzahl auftaucht, wenn diese zugleich

A auch in y vorkommt. So kommt z. B. in der Zerlegung von $3 \cdot 5 \cdot 11 - 2 \cdot 3 \cdot 7$ mit Sicherheit die Primzahl 3 vor, sonst aber keine der anderen, die in x und y getrennt auftauchen. Tatsächlich ist

$$3 \cdot 5 \cdot 11 - 2 \cdot 3 \cdot 7 = 165 - 42 = 123 = 3 \cdot (5 \cdot 11 - 2 \cdot 7) = 3 \cdot 41.$$

Sind andererseits die in x auftauchenden Primzahlen von denen verschieden, die in y auftauchen, so gehören zur Primzahlzerlegung von $x - y$ ausschließlich Primzahlen, die noch nicht aufgetreten sind.

Sind $p_1, p_2, \ldots, p_7$ die ersten 7 Primzahlen, so bilden wir mit ihnen die Zahl

$$z = p_3^2 \cdot p_4 \cdot p_7 - p_1 \cdot p_2^2 \cdot p_5 \cdot p_6 = x - y.$$

In der Produktdarstellung von z kann z. B. p_5 nicht vorkommen, denn wäre $z = p_5 \cdot a$ (worin a noch nicht zerlegt sein muß), so folgte

$$x = z + y = p_3^2 \cdot p_4 \cdot p_7 = p_5 (a + p_1 \cdot p_2^2 \cdot p_6) = p_5 \cdot b.$$

Die Zahl $p_3^2 \cdot p_4 \cdot p_7$ wäre danach durch p_5 teilbar, was aber unmöglich ist, da die Primzahldarstellung die Primzahl p_5 nicht enthält.

Auf diese Weise stellen wir fest, daß z durch keine der 7 Primzahlen $p_1, \ldots, p_7$ teilbar ist. Daher muß entweder z eine Primzahl aus $\{p_8, p_9, \ldots\}$ sein, oder aber in der Darstellung (1.7) für z kommen ausschließlich Primzahlen p_i mit $i \geqslant 8$ vor. Dies erreichten wir dadurch, daß wir bei x und y alle der sieben ersten Primzahlen verbrauchten.

In unserem Fall ist

$$z = 5^2 \cdot 7 \cdot 17 - 2 \cdot 3^2 \cdot 11 \cdot 13 = 401.$$

Wir stehen jetzt vor der Aufgabe, zu entscheiden, ob 401 eine Primzahl ist oder nicht. Das ist im vorliegenden Fall einfach, wenn wir an einen in Aufgabe 1.4 und ihrer Lösung bereits indirekt bewiesenen Zusammenhang denken, den wir jetzt neu so formulieren: $\{p_1, p_2, \ldots, p_{n-1}\}$ seien die ersten $n - 1$ Primzahlen und p_n sei die n-te Primzahl. Ist nun z eine Zahl mit den beiden folgenden Eigenschaften:

1. $z < p_n^2$ und
2. keine der ersten $n - 1$ Primzahlen teilt z

dann ist notwendig z selbst eine Primzahl.

Aufgabe 1.7 Begründen Sie diese Aussage.

In unserem Fall wissen wir, daß in der Zerlegung von 401 keine der Primzahlen aus $\{2, 3, 5, 7, 11, 13, 17\}$ auftreten kann. Da andererseits $401 < 23^2 = 529$, genügt es nachzuprüfen, ob 19 in ihr als Faktor enthalten ist. Dies ist wegen $401 = 19 \cdot 21 + 2$ nicht der Fall, 401 ist eine Primzahl.

Diese Überlegungen veranlassen uns, zu versuchen, die Primzahlen der Reihe nach aus einer wachsenden, zusammenhängenden Anfangssequenz ihrer Vorgänger zu entwickeln. Wir setzen voraus, daß $p_1 = 2$, $p_2 = 3$ und $p_3 = 5$ die drei ersten Primzahlen sind. Dann benutzen wir den in Aufgabe 1.7 begründeten Zusammenhang und stellen der Reihe nach fest:

A

6 ist wegen $6 = 2 \cdot 3$ keine Primzahl,

7 ist wegen $7 = 2 \cdot 5 - 3$ oder $7 = 3 \cdot 5 - 2^3$ oder $2^4 - 3^2$ eine Primzahl,

(1. kein Primteiler aus $\{2, 3\}$ und 2. $7 < 5^2 = 25$)

8 ist wegen $8 = 2^3$, 9 wegen 3^2, 10 wegen $10 = 2 \cdot 5$ keine Primzahl,

11 ist wegen $11 = 2 \cdot 3 + 5$ oder $11 = 3 \cdot 7 - 2 \cdot 5$ eine Primzahl usw.

Beschränken wir uns bei der Aufzählung auf die Primzahlen, so finden wir z. B.

$$13 = 5 \cdot 11 - 2 \cdot 3 \cdot 7 = 3 \cdot 5 - 2 = 2 \cdot 5 + 3,$$

$$17 = 2 \cdot 7 \cdot 13 - 3 \cdot 5 \cdot 11 = 2 \cdot 3 \cdot 5 - 13 = 3 \cdot 5 + 2,$$

$$19 = 2 \cdot 3 + 13 = 2 \cdot 3 \cdot 5 - 11 = 3 \cdot 7 - 2 \text{ usw.}$$

Daß wir in der Darstellung $19 = 3 \cdot 7 - 2$ keine geschlossene Anfangssequenz, sondern neben $\{2, 3\}$ zusätzlich die Primzahl 7 benutzen, hat auf die Beweisidee keinen Einfluß. Es genügen zum Nachweis, daß 19 wegen $19 = 3 \cdot 7 - 2$ eine Primzahl ist, die Festellungen

1. 19 enthält keinen Primteiler aus $\{2, 3\}$,
2. $19 < 5^2 = 25$.

1.7 Der Darstellungssatz

B

Beim Aufbau der Theorie der natürlichen Zahlen wird das Induktionsaxiom vorausgesetzt, das wir so formulieren:

Ist $a(n)$ eine beliebige über $\mathbf{N}$ definierte Aussageform,
dann gilt: $a(n)$ ist wahr für alle n genau dann, wenn 1. $a(1)$ wahr (1.12)
und 2. Für alle n: $a(n)$ wahr $\rightarrow a(n+1)$ wahr.

Für Induktionsbeweise in der Zahlentheorie eignet sich eine spezielle Form besser. Wir erhalten sie, wenn wir für $a(n)$ die Aussageform $\{1, 2, \ldots, n\} \subset A$ wählen, wobei A eine beliebig vorgegebene Teilmenge von $\mathbf{N}$ ist.

$A = \mathbf{N}$ genau dann, wenn
1. $\{1\} \subset A$
und 2. Für alle n: $\{1, 2, \ldots, n\} \subset A \rightarrow \{1, 2, \ldots, n, n+1\} \subset A$ (1.13)

Aus (1.13) gewinnen wir durch Negation beider Seiten[1])

$A \neq \mathbf{N}$ genau dann, wenn
1. $\{1\} \not\subset A$
oder 2. Es gibt ein n: $\{1, 2, \ldots, n\} \subset A \wedge \{1, 2, \ldots, n, n+1\} \not\subset A$

---

[1]) Wir machen hier von 4 Regeln der formalen Logik Gebrauch, nämlich
I. (r genau dann, wenn s) $\Longleftrightarrow$ ($\neg$r genau dann, wenn $\neg$s),
II. $\neg(p \wedge q) \Longleftrightarrow \neg p \vee \neg q$,
III. $\neg(p \rightarrow q) \Longleftrightarrow \neg(\neg p \vee q) \Longleftrightarrow p \wedge \neg q$,
IV. $\neg$(Für alle x : p(x)) $\Longleftrightarrow$ Es gibt ein x: $\neg p(x)$.

Wenn aber die ersten n natürlichen Zahlen zu A gehören, während $\{1, 2, \ldots, n, n+1\}$ keine Teilmenge von A ist, dann muß dies allein durch n + 1 verursacht werden. Wir können also schreiben

$A \neq \mathbf{N}$ genau dann, wenn
1. $1 \notin A$
oder 2. Es gibt ein n: $1, 2, \ldots, n \in A$, aber $n + 1 \notin A$ (1.14)

Schließlich schreiben wir (1.14) noch auf die Komplementmenge T wenn A bezüglich $\mathbf{N}$ um, für die also $T \cup A = \mathbf{N}$ gilt:

Wir erhalten:

Für eine beliebige Teilmenge T natürlicher Zahlen gilt $T \neq \emptyset$ genau dann, wenn

1. $1 \in T$
oder 2. Es gibt ein n: $1, 2, \ldots, n \notin T$ aber $n + 1 \in T$ (1.15)

Lesen wir (1.15) nur von links nach rechts, so gewinnen wir den sogenannten *Wohlordnungssatz für natürliche Zahlen*.

Satz 1.5 Eine nichtleere Teilmenge T natürlicher Zahlen enthält die 1 oder aber ein Element n + 1 mit der Eigenschaft, daß $1, 2, \ldots, n \notin T$, während n + 1 selbst zu T gehört – oder kurz:

Jede nichtleere Teilmenge T natürlicher Zahlen enthält eine kleinste natürliche Zahl (1.16)

Insbesondere haben wir (1.15) als gleichwertig mit dem Induktionsaxiom in der Form (1.13) nachgewiesen.

Bemerkung 1.1. Satz 1.5 schließt auch die folgende Aussage ein:

Jede Teilmenge M von $\mathbf{Z}$, für die $M \cap \mathbf{N} \neq \emptyset$, besitzt eine kleinste nichtnegative Zahl. (1.17)

Um dies einzusehen, unterscheiden wir die Fälle a) $0 \in M$ und b) $0 \notin M$.

Im Fall a) ist 0 die kleinste nichtnegative Zahl in M, im Fall b) setzen wir $M \cap \mathbf{N} = T$ und die kleinste nichtnegative Zahl in M ist die kleinste nichtnegative Zahl – d. h. die kleinste positive Zahl – aus T.

Mit Hilfe von (1.17) können wir Satz 1.1 etwas allgemeiner formulieren und beweisen. Wir gewinnen den *allgemeinen Darstellungssatz*.

Satz 1.6 Zu jedem Paar von Zahlen a, b ($a \in \mathbf{Z}$, $b \in \mathbf{N}$) gibt es eindeutig bestimmte Zahlen q, r ($q \in \mathbf{Z}$, $r \in \mathbf{N}_0$), so daß

$$a = q \cdot b + r \quad \text{mit } 0 \leqslant r < b \tag{1.18}$$

Beweis. Wir bilden die Menge $M = \{x \mid x = a - mb, m \in \mathbf{Z}\}$. Für sie gilt $M \cap \mathbf{N} \neq \emptyset$. denn ist $a > 0$, so wird $a - mb > 0$ für $m = 0$; ist $a < 0$, so wird $a - mb > 0$ für $m < a$. Nach (1.16) gibt es daher in M eine kleinste nichtnegative Zahl $r = a - q \cdot b$, wobei wir m in diesem speziellen Falle q gesetzt haben. Für diese Zahl r gilt nicht nur $0 \leqslant r$, sondern auch $r < b$; denn aus $r \geqslant b$ folgt ein Widerspruch, da für $r' = a - (q+1)b = r - b$ gelten würde: **B**

$$1.\ r' < r \quad \text{und} \quad 2.\ 0 \leqslant r' \quad \text{und} \quad 3.\ r' \in M.$$

Das ist unmöglich, da r das kleinste nichtnegative Element aus M sein sollte.

1.8 Teilbarkeit

Definition 1.1 Eine ganze Zahl a heißt durch die ganze Zahl $c \neq 0$ teilbar – in Zeichen $c|a$, in anderer Formulierung auch: c teilt a, c ist ein *Teiler* von a, a ist *Vielfaches* von c – genau dann, wenn es eine ganze Zahl q gibt, so daß $q \cdot c = a$.

Satz 1.7 a) 1 teilt jede Zahl.

b) Jede Zahl teilt sich selbst.

c) Jede Zahl teilt 0.

d) Bei Fragen der Teilbarkeit spielen Vorzeichen keine Rolle,

d. h. $\quad c|a \Longleftrightarrow -c|a \Longleftrightarrow -c|-a \Longleftrightarrow c|-a.$

Beweis. a) $1|a$, da $a \cdot 1 = a$ $(q = a)$.

b) $a|a$, da $1 \cdot a = a$ $(q = 1)$.

c) $c|0$, da für alle $c: 0 \cdot c = 0$.

d) $q \cdot c = a \Longleftrightarrow (-q) \cdot (-c) = a \Longleftrightarrow q \cdot (-c) = -a \Longleftrightarrow (-q) \cdot c = -a.$

Bemerkung 1.2. Wegen der in d) ausgesprochenen Eigenschaft der Teilerrelation genügt es bei vielen Untersuchungen über Teilbarkeit, sich auf natürliche Zahlen zu beschränken.

Bemerkung 1.3. $0 \nmid a$ für alle $a \neq 0$. Falls also in der Prämisse eines Satzes $c|a$ auftritt, so ist damit insbesondere $c \neq 0$ gefordert.

Satz 1.8 Für alle Paare a, c natürlicher Zahlen gilt:

a) Für alle m: $c|a \Rightarrow c|m \cdot a$.

b) Für alle m: $c|a \Rightarrow m \cdot c|m \cdot a$.

c) $c|a \Rightarrow c \leqslant a$.

Beweis. a) $c|a \Longleftrightarrow \bigvee_{q \in \mathbf{N}} q \cdot c = a \Longleftrightarrow \bigvee_{q \in \mathbf{N}} (m \cdot q) \cdot c = m \cdot a \Rightarrow c|m \cdot a.$

b) $c|a \Longleftrightarrow \bigvee_{q \in \mathbf{N}} q \cdot c = a \Longleftrightarrow \bigvee_{q} q \cdot (m \cdot c) = m \cdot a \Longleftrightarrow m \cdot c|m \cdot a.$

c) 1. *Fall*: $c = a$; dann gilt erst recht $c \leqslant a$.

2. *Fall*: $c \neq a$; dann muß in $q \cdot c = a$ $\;q > 1$ sein, d. h. $a = q \cdot c = (q-1) \cdot c + c$, also $a = m + c$ mit $m \geqslant 0 \Rightarrow a > c$.

Satz 1.9 Die Teilerrelation $x|y$ ist über **N** eine reflexible Ordnung.

B Beweis. Reflexiv: $x|x$ (Satz 1.7b)
antisymmetrisch (identitiv): $x|y \wedge y|x \Rightarrow x = y$

denn
$$\left.\begin{array}{l} x|y \Rightarrow q \cdot x = y \\ y|x \Rightarrow r \cdot y = x \end{array}\right\} \quad \begin{array}{l} (q \cdot r) \cdot x = x \Rightarrow q \cdot r = 1 \\ \Longleftrightarrow q = r = 1 \end{array}$$

transitiv: $x|y \wedge y|z \Rightarrow x|z$

denn
$$\left.\begin{array}{l} x|y \Rightarrow q \cdot x = y \\ y|z \Rightarrow r \cdot y = x \end{array}\right\} \quad (q \cdot r) \cdot x = z \Rightarrow x|z$$

Bemerkung 1.4. Die Antisymmetrie gilt nicht, wenn man die Teilerrelation über **Z** betrachtet, da in **Z** aus $q \cdot r = 1$ folgt:

$$q = r = 1, \text{ d. h. } x = y \quad \text{oder} \quad q = r = -1, \text{ d. h. } x = -y.$$

Aufgabe 1.8 Zu beweisen ist, daß für beliebige $a, b, c, d, x, y \in \mathbf{Z}$

$$\begin{array}{ll} 1. & c|a \wedge d|b \Rightarrow c \cdot d|a \cdot b, \\ 2. & c|a \wedge c|b \Rightarrow c|x \cdot a + y \cdot b. \end{array} \tag{1.19}$$

Da nach Satz 1.8 alle natürlichen Teiler einer natürlichen Zahl a nicht größer als a sind, bilden die Teiler von a eine endliche Menge $T_a = \{x|\ \ x|a\}$.

In Abschn. 1.5 haben wir uns bereits mit den Graphen der Teilerrelation über den betreffenden Teilermengen beschäftigt. Die Menge V_c der natürlichen Vielfachen einer natürlichen Zahl c $V_c = \{x|\ \ c|x\}$ ist dagegen unendlich, da nach Satz 1.8b mit $a \in V_c$ gilt: $\bigwedge_{m \in \mathbf{N}} m \cdot a \in V_c$.

Satz 1.10 $c|a \Longleftrightarrow T_c \subseteq T_a$.

Beweis. Der Beweis besteht aus 2 Schritten: 1. Gilt $c|a$ mit $x \in T_c$, so folgt $x \in T_a$. 2. Gilt $T_c \subseteq T_a$, so folgt $c|a$.

1. $x \in T_c$ bedeutet $x|c$. Zusammen mit $c|a$ folgt wegen der Transitivität $x|a$, und dies ist äquivalent zu $x \in T_a$.

2. $T_c \subseteq T_a$ bedeutet, daß jedes Element aus T_c auch Element von T_a ist. c ist aber ein spezielles Element in T_c, also folgt $c \in T_a$, und dies ist äquivalent zu $c|a$.

1.9 Analogien zwischen ggT und kgV

Definition 1.2 Gilt $c|a \wedge c|b$, so nennen wir c einen gemeinsamen Teiler von a und b, gilt $c|a$ und $d|a$, so nennen wir a ein gemeinsames Vielfaches von c und d.

Definition 1.3 Zwei Zahlen a und b heißen teilerfremd (oder „relativ prim“), falls sie – wie etwa 8 und 9 – außer 1 keinen gemeinsamen Teiler besitzen. Wir schreiben $(a, b) = 1$.

Da sowohl T_a als auch T_b endlich ist, gilt dies auch für die Menge $T_a \cap T_b$ der gemeinsamen Teiler. In dieser endlichen Menge gibt es ein größtes Element, den *größten gemeinsamen Teiler von a und b*. Es ist üblich, ihn durch ggT (a, b) oder (a, b) abzukürzen. Wir werden, wenn keine Mißverständnisse zu befürchten sind, auch einfach „t*" schreiben. **B**

Wir betrachten weiter die Menge $V_a \cap V_b$ der gemeinsamen Vielfachen von a und b. Sie ist wegen $a \cdot b \in V_a \wedge a \cdot b \in V_b$ nicht leer, und daher gibt es nach (1.17) in ihr ein kleinstes positives Element, *das kleinste gemeinsame Vielfache von a und b*. Es ist üblich, es durch kgV (a, b) oder [a, b] abzukürzen, wir werden aber auch gelegentlich einfach v* schreiben.

Eine weitgehende Analogie zwischen dem ggT (a, b) und dem kgV (a, b) zeigte sich bereits in Satz 1.2. Das folgende Satzpaar (Satz 1.11 und 1.12) baut diese Analogie noch weiter aus.

Satz 1.11 a) (a, b) ist die kleinste positive Zahl in

$$M = \{xa + yb \mid x, y \in \mathbf{Z}\}.$$

b) M ist die Menge aller Vielfachen von (a, b), d. h.

$$M = \{k \cdot (a, b) \mid k \in \mathbf{Z}\}.$$

c) $\quad t \mid a \wedge t \mid b \Rightarrow t \mid (a, b).$

d) $\quad (ma, mb) = m(a, b).$

Beweis. a), b), c), $x^*a + y^*b = c$ sei die kleinste positive Zahl aus M. Wir wenden auf das Paar a; c den Darstellungssatz (1.6) an, um nachzuweisen, daß $c \mid a$ gilt.

Nach Satz 1.6 gibt es zwei eindeutig bestimmte Zahlen q und r, so daß

$$a = q \cdot c + r \quad \text{mit} \quad 0 \leqslant r < c$$

gilt. Ersetzen wir hier c durch $x^* \cdot a + y^* \cdot b$, so folgt nach leichtem Umrechnen

$$r = (1 - q \cdot x^*)\, a + (-q \cdot y^*)\, b.$$

Dies bedeutet, daß $r \in M$. Aus der Annahme $0 < r$ folgt ein Widerspruch zu $r < c$, da c bereits die kleinste positive Zahl in M war. Daher ist $0 = r$ und damit gilt $c \mid a$. Entsprechend folgt $c \mid b$. Die kleinste positive Zahl c aus M ist also ein gemeinsamer Teiler von a und b.

Ist nun t ein beliebiger gemeinsamer Teiler von a und b, so dürfen wir

$$a = \alpha \cdot t, \qquad b = \beta \cdot t \tag{1.20a}$$

schreiben; wegen $xa + yb = (x\alpha + y\beta)t$ ist t Teiler jedes Elementes von M, insbesondere auch von c. Daher ist c notwendig der größte gemeinsame Teiler (a, b) von a und b und als gemeinsamer Teiler teilt (a, b) jede Zahl aus M.

d) (ma, mb) ist die kleinste positive Zahl der Menge

$$\begin{aligned} M^* &= \{x(ma) + y(mb) \mid \ x, y \in \mathbf{Z}\} \\ &= \{m \cdot (xa + yb) \mid \ x, y \in \mathbf{Z}\} \end{aligned}$$

B Jedes Element von M^* entsteht also dadurch, daß man das entsprechende Element aus M mit m multipliziert. Da (a, b) die kleinste positive Zahl in M ist, ist $m \cdot (a, b)$ die kleinste positive Zahl in M^*.

B e m e r k u n g 1.5. Ist $(a, b) = 1$, so liefert die Menge $M = \{xa + yb \mid x, y \in \mathbf{Z}\}$ sämtliche ganzzahlige Vielfachen von 1, d. h., es ist in diesem Fall $M = \mathbf{Z}$. Die Theorie der diophantischen Gleichungen (vgl. Abschn. 1.11) zeigt, daß jede Zahl in M unendlich oft vorkommt – wenn sie überhaupt vorkommt, d. h. ein ganzzahliges Vielfaches von (a, b) ist.

B e m e r k u n g 1.6. Der Ansatz (1.20a) spielte bereits in Abschn. 1.4 eine wesentliche Rolle. Ist in ihm t insbesondere der ggT $(a, b) = t^*$, so geht der Ansatz über in

$$a = \alpha^* t^*, \qquad b = \beta^* t^*, \tag{1.20b}$$

und wir fanden, daß dann notwendig $(\alpha^*, \beta^*) = 1$ gelten mußte. Außerdem hatten wir dort gefunden, daß $v^* = \alpha^* \beta^* t^*$ war. Mit Hilfe der Teilaussage d) des letzten Satzes können wir nun auch die Umkehrung zeigen:

Gilt in (1.20b), daß $(\alpha^*, \beta^*) = 1$, so ist $t^* = \text{ggT}\,(a, b)$;

denn $(a, b) = (\alpha^* t^*, \beta^* t^*) = (\alpha^*, \beta^*)\, t^* = t^* \Longleftrightarrow (\alpha^*, \beta^*) = 1.$

Diese teilerfremden Zahlen α^* und β^* spielen nun im folgenden Satz eine wesentliche Rolle.

Satz 1.12 a) $[a, b] = v^*$ ist die kleinste positive Zahl in

$$\overline{M} = \{x(\alpha^*\beta^* a) + y(\alpha^*\beta^* b) \mid x, y \in \mathbf{Z}\}$$

b) $\overline{M} = \{kv^* \mid k \in \mathbf{Z}\}$ d. h., $\overline{M}$ ist die Gesamtheit aller ganzzahligen Vielfachen des kgV (a, b).

c) $[ma, mb] = m[a, b]$.

d) v^* teilt jedes gemeinsame Vielfache v von a und b.

B e w e i s. a), b). Der Ansatz (1.20b) erlaubt die Termumformung

$$x(\alpha^*\beta^* a) + y(\alpha^*\beta^* b) = (x\alpha^* + y\beta^*)v^*.$$

Daher gilt $\overline{M} = \{v^*(x\alpha^* + y\beta^*) \mid x, y \in \mathbf{Z}\} = \{kv^* \mid k \in \mathbf{Z}\}$, da wegen $(\alpha^*, \beta^*) = 1$ $\{x\alpha^* + y\beta^*\} = \mathbf{Z}$ nach Bemerkung 1.5 gilt.

c) Ersetzen wir in M^* a durch ma und b durch mb, so wird die kleinste positive Zahl der so entstehenden Menge

1. $[ma, mb]$ und 2. $m[a, b]$,

da sich ihre Zahlen von den entsprechenden aus M nur durch den Faktor m unterscheiden.

d) Ist v ein beliebiges gemeinsames Vielfaches von a und b, so können wir schreiben

$$v = \beta a = \alpha b = \beta\alpha^* t^* = \alpha\beta^* t^*,$$

und wegen $\alpha^*\beta^*t^* = v^*$ wird $\beta^*v = \beta v^*$ und $\alpha^*v = \alpha v^*$. Daraus folgt B

$$(\alpha^*v, \beta^*v) = (\alpha^*, \beta^*)\,v = v = (\beta v^*, \alpha v^*) = v^*(\alpha, \beta)$$

d. h., v ist Vielfaches von v^*.

Bemerkung 1.7. In Satz 1.2 konnten wir zeigen, daß der Ansatz

$$v^* = \beta^*a = \alpha^*b = \alpha^*\beta^*t^*$$

für das kgV [a, b] $(\alpha^*, \beta^*) = 1$ zur Folge hatte.
Jetzt können wir auch umgekehrt beweisen: Ist in

$$v = \beta a = \alpha b \tag{1.20c}$$

$(\alpha, \beta) = 1$, so ist $v = v^*$, das kgV von a und b; denn es ist ja nach den durchgeführten Überlegungen

$$v = v^*(\alpha, \beta).$$

Bemerkung 1.8. Die Bemerkungen 1.6 und 1.7 runden die Aussagen c und d) von Satz 1.2 ab. Insgesamt gilt nämlich:
Zu 2 Zahlen a und b gibt es 2 eindeutig bestimmte Zahlen α^*, β^* mit $(\alpha^*, \beta^*) = 1$, für die gilt:

1. $a = \alpha^*t^*$ und $b = \beta^*t^*$,
2. $v^* = \alpha^*b = \beta^*a = \alpha^*\beta^*t^*$,
3. $a \cdot b = t^* \cdot v^*$,

wobei t^* der ggT (a, b) und $v^* = \text{kgV}\,[a, b]$ ist.

Bemerkung 1.9. Je nach Bedarf dürfen wir also interpretieren:

	den ggT (a, b) als	das kgV [a, b] als
1.	die größte positive Zahl der Menge $T_a \cap T_b$ aller gemeinsamer Teiler von a und b,	die kleinste positive Zahl der Menge $V_a \cap V_b$ aller gemeinsamen Vielfachen von a und b,
2.	denjenigen positiven Teiler t_0 aus $T_a \cap T_b$, für den $t \mid a \wedge t \mid b \Rightarrow t \mid t_0$ gilt,	dasjenige positive Vielfache v_0 aus $V_a \cap V_b$, für das $a \mid v \wedge b \mid v \Rightarrow v_0 \mid v$ gilt,
3.	die kleinste positive Zahl aus $M = \{xa + yb \mid x, y \in \mathbf{Z}\}$	die kleinste positive Zahl aus $\overline{M} = \{x\alpha^*\beta^*a + y\alpha^*\beta^*b \mid x, y \in \mathbf{Z} \wedge a = \alpha^*(a, b), b = \beta^*(a, b)\}$.

Die Kennzeichnungen in 2. sind die für die Zahlentheorie angemessenen, da sie die Kleiner-Relation vermeiden.

Satz 1.13 Für alle Tripel a, b, c natürlicher Zahlen gilt

$$c \mid a \cdot b \wedge (c, b) = 1 \Rightarrow c \mid a.$$

Beweis. Zunächst folgt aus $c \mid a \cdot b$, daß es ein k gibt, so daß $k \cdot c = a \cdot b$. Diese Gleichung gibt uns die Möglichkeit, den größten gemeinsamen Teiler von $a \cdot c$ und $a \cdot b = k \cdot c$

B in zweierlei Form gemäß Satz 1.12c auszudrücken. Wir erhalten

$$(a \cdot c, a \cdot b) = a(c, b) = a \text{ einerseits}$$

und $$(a \cdot c, a \cdot b) = (a \cdot c, k \cdot c) = c \cdot (a, k) \text{ andererseits.}$$

Aus $c \cdot (a, k) = a$ folgt aber $c|a$.

Aufgabe 1.9 a) Gibt es natürliche Zahlen a, b, für die $(a, b) = [a, b]$ gilt?

a) Wann gilt $(a, b) | [a, b]$?

c) $\frac{a}{(a, b)}$ und $\frac{b}{(a, b)}$ sind teilerfremd.

d) $\frac{[a, b]}{a}$ und $\frac{[a, b]}{b}$ sind teilerfremd.

e) $a + b = c \Rightarrow ((a, b) = 1 \Longleftrightarrow (a, c) = 1)$

f) $(r_1, b) = 1 \wedge t|b \Rightarrow (r_1, t) = 1.$

g) $(r_1, b) = 1 \wedge (r_2, b) = 1 \wedge \ldots \wedge (r_k, b) = 1 \Rightarrow (r_1 \cdot r_2 \cdot \ldots \cdot r_k, b) = 1.$

Aufgabe 1.10 Für welche Paare $a, b \in \mathbf{N}$ mit $a < b$ gilt

a) $[a, b] = 12 \cdot (a, b)$,
b) $[a, b] = 6 + (a, b)$,
c) $a \cdot b = 270 \wedge (a, b) = 15$,
d) $(a, b) = 8$,
e) $[a, b] = 30$,
f) $[a, b] = 20 \wedge (a, b) = 2$,
g) $a + b = 60 \wedge (a, b) = 5$,
h) $a \cdot b = 240 \wedge [a, b] = 60$?

Die Begriffe ggT und kgV lassen sich auf 3 (und mehr) natürliche Zahlen übertragen. Den Weg zeigt uns Satz 1.14.

Aufgabe 1.11 Satz 1.13 stellt eine Verallgemeinerung von Satz 1.3 dar. Beweisen Sie ihn mit den dort verwendeten Hilfsmitteln.

Satz 1.14 Für alle $a, b, c \in \mathbf{N}$ gilt:

$$\begin{aligned} &\text{a)} \quad t = ((a, b), c) = (a, (b, c)) = s, \\ &\text{b)} \quad v = [[a, b], c] = [a, [b, c]] = w. \end{aligned} \tag{1.21}$$

Beweis.

a) $t|(a, b) \wedge t|c \Rightarrow t|a \wedge t|b \wedge t|c \Rightarrow t|a \wedge t|(b, c) \Rightarrow t|s,$

$s|a \wedge s|(b, c) \Rightarrow s|a \wedge s|b \wedge s|c \Rightarrow s|(a, b) \wedge s|c \Rightarrow s|t,$

$t|s \wedge s|t \Longleftrightarrow s = t;$

t ist gemeinsamer Teiler von a, b und c.

b) $[a, b]|v \wedge c|v \Rightarrow a|v \wedge b|v \wedge c|v \Rightarrow a|v \wedge [b, c]|v \Rightarrow w|v,$

$a|w \wedge [b, c]|w \Rightarrow a|w \wedge b|w \wedge c|w \Rightarrow [a, b]|w \wedge c|w \Rightarrow v|w,$

$v|w \wedge w|v \Rightarrow v = w;$

v ist gemeinsames Vielfaches von a, b, c.

Ist d ein beliebiger gemeinsamer Teiler von a, b, c so folgt aus $d|a \wedge d|b \wedge d|c \Rightarrow$ B
$d|(a, b) \wedge d|c \Rightarrow d|t$; t ist der ggT (a, b, c). Entsprechend folgt, daß v das kgV [a, b, c] ist. Satz 1.14 zeigt uns, wie (a, b, c) bzw. [a, b, c] schrittweise berechnet werden können.

1.10 Der Euklidische Algorithmus

Mit Hilfe des Darstellungssatzes (1.18) gelingt es leicht, das am Ende von Abschn. 1.4 erläuterte Verfahren zur Gewinnung des größten gemeinsamen Teilers von 2 Zahlen zu formalisieren. Das entstehende Schema ist unter dem Namen E u k l i d i s c h e r A l g o r i t h m u s bekannt (vgl. (1.22)).

Wir denken, daß von den beiden vorgegebenen natürlichen Zahlen a und b die Zahl b die kleinere ist. Dann gibt es nach (1.18) zwei eindeutig bestimmte Zahlen (die wir hier aus formalen Gründen q_1 und r_2 nennen), so daß

$$a = q_1 \cdot b + r_2 \quad \text{mit } 0 \leqslant r_2 < b$$

gilt. Hierin ist jeder gemeinsame Teiler von a und b nach (1.19′) auch Teiler von r_2, was man besonders leicht erkennt, wenn man der aufgeschriebenen Gleichung die äquivalente Form

$$r_2 = a - q_1 \cdot b$$

gibt. Zur Gewinnung des ggT von a und b können wir daher mit den Zahlen b und r_2 weiterarbeiten, was wegen $r_2 < b < a$ günstiger ist. Wir gewinnen so die zweite Zeile

$$b = q_2 \cdot r_2 + r_3 \quad \text{mit } 0 \leqslant r_3 < r_3$$

oder $\quad 0 \leqslant r_3 = b - q_2 r_2 < r_2.$

Hierin ist jeder gemeinsame Teiler von a und b, der zugleich gemeinsamer Teiler von b und r_2 ist, gemeinsamer Teiler der wiederum kleiner gewordenen Zahlen r_2 und r_3.

Wir können also das Verfahren mit diesem Zahlenpaar fortsetzen und gewinnen

$$r_2 = q_3 r_3 + r_4 \quad \text{mit } 0 \leqslant r_4 < r_3$$

oder $\quad 0 \leqslant r_4 = b - q_3 r_3 < r_3.$

Um Aussagen, die sich auf alle Zeilen der so entstehenden Sequenz beziehen, einheitlich formulieren zu können, setzen wir

$$a = r_0 \quad \text{und} \quad b = r_1.$$

Wir erhalten dann

$$\begin{aligned} r_0 &= q_1 \cdot r_1 + r_2 \quad &&\text{mit } 0 \leqslant r_2 < r_1 \Longleftrightarrow 0 \leqslant r_2 = r_0 - q_1 \cdot r_1 < r_1 \\ r_1 &= q_2 \cdot r_2 + r_3 \quad &&\text{mit } 0 \leqslant r_3 < r_2 \Longleftrightarrow 0 \leqslant r_3 = r_1 - q_2 \cdot r_2 < r_2 \end{aligned} \qquad (1.22)$$

B

$$\begin{array}{lll}
r_2 = q_3 \cdot r_3 + r_4 & \text{mit } 0 \leqslant r_4 < r_3 \Longleftrightarrow 0 \leqslant r_4 = r_2 - q_3 \cdot r_3 < r_3 & \\
\vdots & \vdots & \\
r_{i-1} = q_i \cdot r_i + r_{i+1} & \text{mit } 0 \leqslant r_{i+1} < r_i \Longleftrightarrow 0 \leqslant r_{i+1} = r_{i-1} - q_i \cdot r_i < r_i & (1.22) \\
\vdots & \vdots & \\
r_{n-2} = q_{n-1} \cdot r_{n-1} + r_n & \text{mit } 0 \leqslant r_n < r_{n-1} \Longleftrightarrow 0 \leqslant r_n = r_{n-2} - q_{n-1} \cdot r_{n-1} < r_{n-1} & \\
r_{n-1} = q_n \cdot r_n + 0 & \qquad 0 = r_{n-1} - q_n r_n < r_n &
\end{array}$$

Aus der Folge der mittleren Ungleichungen lesen wir ab, daß für alle i

$$r_{i+1} < r_i$$

gilt, d. h., daß unser Verfahren nach endlich vielen Schritten abbricht, weil für ein bestimmtes n

$$r_{n+1} = 0 \quad \text{und daher} \quad r_{n-1} = q_n \cdot r_n$$

gelten muß. Diese letzte Zeile wurde in (1.22) bereits mit notiert.

Satz 1.15 1. Im Schema (1.22) gilt für jeden der Reste r_i ($i \in \{1, 2, \ldots n\}$):

a) Gemeinsame Teiler t von a und b sind auch Teiler von r_i.

b) $r_i \in M = \{xa + yb \mid x, y \in \mathbf{Z}\}$.

2. Für den letzten von Null verschiedenen Rest r_n gilt:

a) r_n ist gemeinsamer Teiler von allen Paaren r_i und r_{i-1}.

b) r_n ist der größte gemeinsame Teiler von a und b.

B e w e i s. Wir führen die Beweise von Zeile zu Zeile, also quasi induktiv, wobei die Induktionskette aber jeweils nach n Schritten endet.

1. a) Jeder gemeinsame Teiler von a ($= r_0$) und b ($= r_1$) ist nicht nur gemeinsamer Teiler von r_0 und r_1, sondern nach (1.19) auch von r_1 und $r_2 = r_0 - qr_1$. Das ist die Aussage 1a) für i = 1 und i = 2. Gilt aber $t \mid r_{i-1} \wedge t \mid r_i$, so folgt aus (1.19), daß auch

$$t \mid r_i \wedge t \mid r_{i+1} = r_{i-1} - q_i \cdot r_i.$$

b) Sowohl a als auch b sind Elemente von M, da $r_0 = a \in M$ ($x = 1, y = 0$) und $b = r_1 \in M$ ($x = 0, y = 1$). Gilt aber $r_{i-1} \in M \wedge r_i \in M$, d. h., gilt

$$r_{i-1} = x_{i-1} \cdot a + y_{i-1} \cdot b, r_i = x_i \cdot a + y_i \cdot b,$$

so ist nicht nur r_i ein Element von M, sondern auch r_{i+1} wegen

$$r_{i+1} = (x_{i-1} - q_i \cdot x_i) a + (y_{i-1} - q_i \cdot y_i) b.$$

2. a) Diesmal führen wir den Beweis „aufsteigend" von i = n bis i = 1, wobei wir jedesmal (1.19) benutzen. Wegen $r_{n-1} = q_n \cdot r_n$ gilt $r_n \mid r_{n-1}$ und daraus $r_n \mid r_{n-2} = q_{n-1} \cdot r_{n-1} + r_n$; gilt aber $r_n \mid r_{i+1} \wedge r_n \mid r_i$ so folgt

$$r_n \mid r_i \wedge r_n \mid r_{i-1} = q_i \cdot r_i + r_{i+1}$$

b) Zunächst folgern wir aus 2a), daß r_n sowohl $a = r_0$ als auch $r_1 = b$ teilt, d. h., ein gemeinsamer Teiler von a und b ist. Weiter folgt aus 1a), daß jeder gemeinsame Teiler t von a und b auch gemeinsamer Teiler von r_{n-1} und r_n, insbesondere also Teiler von r_n ist. **B**

Da nun jeder gemeinsame Teiler von a und b r_n teilt, r_n aber selbst gemeinsamer Teiler ist, muß r_n der größte gemeinsame Teiler (a, b) von a und b sein.

Aus 1b) folgern wir schließlich den weiteren, uns ebenfalls bereits bekannten Satz, daß $(a, b) = r_n \in M = \{xa + yb \mid x, y \in \mathbf{Z}\}$.

Über dies Wissen hinaus gibt uns aber der Euklidische Algorithmus die Möglichkeit, die Koeffizienten x_1 bzw. y_1 zu bestimmen, für die

$$x_1 a + y_1 b = t^* = (a, b)$$

gilt.

Beispiel 1.1 Wir wollen dies an einem Beispiel durchführen: Ist a = 3587 und b = 1819, so erhalten wir

$$\begin{array}{lll}
a = b + 1768 & \longrightarrow & 1768 = a - b \\
b = 1768 + 51 & \longrightarrow & 51 = b - 1768 = 2b - a, \text{ da } 1768 = a - b \\
1768 = 34 \cdot 51 + 34 & \longrightarrow & 34 = 1768 - 34 \cdot 51, \text{ da } 51 = 2b - a \\
 & & = (a - b) - 34(2b - a) \\
 & & = 35a - 69b \\
51 = 34 + 17 & \longrightarrow & 17 = 51 - 34 \\
34 = 2 \cdot 17 & & = (2b - a) - (35a - 69b), \text{ da } 34 = 35a - 69b \\
 & & 17 = 71b - 36a
\end{array}$$

17 ist $(3587, 1819) = (a, b) = 71\,b - 36\,a$

Aufgabe 1.12 Zu bestimmen ist

a) der größte gemeinsame Teiler (a, b),

b) das kleinste gemeinsame Vielfache [a, b] und

c) die Darstellung von beiden in der Form $x \cdot a + y \cdot b$

für 1. a = 7802, b = 3242, 2. a = 6930, b = 2196.

1.11 Diophantische Gleichungen

Jede lineare Gleichung $ax + by = c$ $(a, b \in \mathbf{Z})$ hat unendlich viel Lösungen. Daher wird die Frage nach der Lösbarkeit erst durch zusätzliche Forderungen an die Lösungen interessant. Wir fragen z. B. nach *ganzzahligen* Lösungen x, y einer solchen Gleichung. Man sieht sofort, daß nur dann ganzzahlige Lösungen auftreten können, wenn auch c ganzzahlig ist. Da diese Fragestellung bereits in dem vielbändigen Werk

B „Arithmetica" des griechischen Mathematikers Diophant auftauchte, definiert man heute

Definition 1.4 Eine lineare Gleichung $ax + by = c$ mit ganzzahligen Koeffizienten heißt diophantisch, wenn sie ganzzahlige Lösungen besitzt.

Satz 1.16 a) Notwendig und hinreichend dafür, daß

$$ax + by = c \qquad a, b \text{ ganzzahlig} \tag{1.23}$$

ganzzahlige Lösungen besitzt, ist die Bedingung

$$c = \gamma t^* \quad \text{mit} \quad t^* = \text{ggT}(a, b) \text{ und } \gamma \text{ ganzzahlig.}$$

b) Ist $x_1 | y_1$ eine Lösung der speziellen Gleichung

$$ax + by = t^*, \quad \text{d. h. gilt} \quad ax_1 + by_1 = t^*,$$

so gewinnen wir alle Lösungen von (1.23) in der Form

$$x = \gamma x_1 + k\beta^*, \qquad y = \gamma y_1 - k\alpha^*,$$

wobei α^* und β^* mit Hilfe des Ansatzes $a = \alpha^* t^*$, $b = \beta^* t^*$ (vgl. Satz 1.2c) bestimmt werden und für die $(\alpha^*, \beta^*) = 1$ gilt.

B e w e i s. a) $ax + by$ ist bei ganzzahligen a und b nach Satz 1.11b ein Element der Menge $M = \{kt^* |\ k \in \mathbf{Z}\}$. Darum ist $c = \gamma t^*$ notwendig. Daß die Bedingung aber auch hinreichend ist, folgt daraus, daß M a l l e Vielfachen von t^* enthält.
b) Es ist vernünftig, die Lösungen von (1.23) mit Hilfe einer Lösung $x_1 | y_1$ von $ax + by = t^*$ aufzubauen, da uns der Euklidische Algorithmus eine derartige Lösung liefert.
Aus ihr gewinnen wir aber mit $x_2 = \gamma x_1$, $y_2 = \gamma y_1$ sofort eine Lösung von (1.23), da

$$ax_1 + by_1 = t^* \Longleftrightarrow a(\gamma x_1) + b(\gamma y_1) = \gamma t^* = c$$

gilt. Wir fragen nach allen Lösungen von (1.23). Denken wir $x_2^* | y_2^*$ sei eine zweite Lösung, so folgt aus

$$ax_2 + by_2 = ax_2^* + by_2^* = c,$$

daß $a(x_2 - x_2^*) + b(y_2 - y_2^*) = 0$ gilt.
Das aber bedeutet, daß für alle weiteren Lösungen $x_2^* | y_2^*$

$$\begin{aligned} x_2 - x_2^* &= x_0 \quad \text{oder} \quad & x_2^* &= x_2 - x_0 = \gamma x_1 - x_0 \\ y_2 - y_2^* &= y_0 & y_2 &= y_2 - y_0 = \gamma y_1 - y_0 \end{aligned}$$

gilt, wobei $x_0 | y_0$ eine beliebige Lösung von

$$ax + by = 0 \tag{1.24}$$

ist. Das ganze Problem reduziert sich also auf die Frage nach der Lösungsmenge von (1.24). Der in Satz 1.2 praktizierte Ansatz $a = \alpha^* t^*$, $b = \beta^* t^*$ mit $(\alpha^*, \beta^*) = 1$ führt aber zu der noch einfacheren Gleichung

$$\alpha^* x + \beta^* y = 0, \qquad (1.25)$$ B

deren Lösungsmenge **L** mit der von (1.24) übereinstimmt.

Die Lösungsmenge von (1.25) aber läßt sich leicht bestimmen, denn hier ist $\alpha^* x = -\beta^* y$ und das bedeutet, daß α^* das Produkt $\beta^* y$ teilt. Jetzt aber wird die Teilerfremdheit von α^*, β^* entscheidend, denn aus ihr folgt – nach Satz 1.13 – $\alpha^* \mid y$.

Es gibt also eine ganze Zahl k, so daß $y = k\alpha^*$ ist.

$$y = k\alpha^* \Rightarrow \alpha^* x = -\beta^* k\alpha^* \Rightarrow x = -k\beta^*.$$

Jede Lösung von (1.25) bzw. (1.24) hat also die Form

$$x = -k\beta^*, \qquad y = k\alpha^*,$$

Durch Einsetzen aber bestätigt man leicht, daß $-k\beta^* \mid k\alpha^*$ für alle k Lösungen von (1.24) bzw. (1.25) sind, d. h., es ist

$$\mathbf{L} = \{-k\beta^* \mid k\alpha^* \mid \; k \in \mathbf{Z}\}.$$

Dabei soll noch einmal hervorgehoben werden, daß die Gewißheit, daß jede Lösung von (1.25) zu **L** gehört, mit Hilfe von Satz 1.13 aus $(\alpha^*, \beta^*) = 1$ abgeleitet wird.

Aufgabe 1.13 a) Bestimmen Sie alle Lösungen der diophantischen Gleichung $7x + 8y = 9$.
b) Haben die beiden diophantischen Gleichungen

$$4x - 3y = 20, \qquad 6x - 7y = 10$$

gemeinsame Lösungen?

Aufgabe 1.14 Es gibt keine natürlichen Zahlen a, b mit

$$a + b = 500 \quad \text{und} \quad (a, b) = 7,$$

es gibt aber unendlich viel ganze Zahlen a, b mit

$$a + b = 500 \quad \text{und} \quad (a, b) = 10.$$

1.12 Primzahlen

Definition 1.5 Eine natürliche Zahl p heißt Primzahl genau dann, wenn Sie

1. von 1 verschieden ist

und 2. nur die trivialen Teiler 1 und p besitzt.

Die Menge aller Primzahlen nennen wir **P**; dann können wir formal schreiben

$$p \in \mathbf{P} \underset{\text{def}}{\Longleftrightarrow} [p \neq 1 \wedge \bigwedge_{a \neq 1} a \mid p \rightarrow a = p] \Longleftrightarrow [p \neq 1 \wedge \bigwedge_{a \neq 1} a \neq p \rightarrow a \nmid p],$$

$$p \notin \mathbf{P} \Longleftrightarrow p = 1 \vee \bigvee_{a \neq 1} a \mid p \wedge a \neq p.$$

B **Satz 1.17** Die Implikation

$$\text{Für alle } a, b\colon \quad p \mid a \cdot b \Rightarrow p \mid a \vee p \mid b$$

ist notwendig und hinreichend dafür, daß eine von 1 verschiedene Zahl p eine Primzahl ist.

B e w e i s. „⇒" Ist p eine Primzahl und gilt $p \nmid a$, so ist $(p, a) = 1$; denn es muß entweder $(p, a) = p$ oder $(p, a) = 1$ sein. Im ersten Fall aber gilt $p \mid a$ – gegen die Voraussetzung. Ist p also eine Primzahl und gilt $p \mid a \cdot b$ ohne $p \mid a$, so sagt Satz 1.13

$$p \mid a \cdot b \wedge (p, a) = 1 \Rightarrow p \mid b.$$

Wenn a also nicht geteilt wird, so notwendig b. Entsprechend gehen wir vor, wenn $p \nmid b$.
„⇐" Ist $p \neq 1$ und keine Primzahl, dann müssen wir zeigen, daß die Implikation $p \mid a \cdot b \Rightarrow p \mid a \vee p \mid b$ falsch ist – d. h., wir müssen zeigen, daß es Zahlen a, b gibt, so daß p weder a noch b teilt, aber trotzdem $a \cdot b$ teilt.

Von 1 verschiedene Nichtprimzahlen p besitzen aber außer den unechten Teilern 1 und p noch echte Teiler a, b, so daß $p = a \cdot b$ gilt. (Dabei ist es möglich, daß $a = b$ ist, z. B. bei $p = q^2$.) Als echte Teiler von p sind aber a und b kleiner als p, also teilt p weder a noch b, dafür aber $a \cdot b$, da $a \cdot b = p$.

Aufgabe 1.15 Orientieren Sie sich am durchgeführten Beweis um zu zeigen: Die Implikation für alle a: $(a, p) \neq 1 \Rightarrow p \mid a$ ist notwendig und hinreichend dafür, daß p Primzahl ist.

Satz 1.18 (F u n d a m e n t a l s a t z d e r e l e m e n t a r e n Z a h l e n t h e o r i e) Für alle natürlichen $n \neq 1$ gilt: a(n): n läßt sich stets eindeutig in der Form

$$n = p_1^{\alpha_1} \cdot p_2^{\alpha_2} \cdot p_m^{\alpha_m} \tag{1.7}$$

darstellen. Darin sind $p_1, p_2, p_3, \ldots$ die der Größe nach geordneten Primzahlen und es gilt für alle i: $\alpha_i \geqslant 0$.

B e m e r k u n g 1.10. Ist n selbst eine Primzahl p_i, so reduziert sich die Darstellung auf $n = p_i^1$. Es ist also $\alpha_1 = \alpha_2 = \ldots = \alpha_{i-1} = \alpha_{i+1} = \alpha_{i+2} = \ldots = 0$ und allein $\alpha_i = 1$. In jedem Fall aber besteht das Produkt aus nur endlich vielen Faktoren, da es für jedes n ein m gibt, so daß $\alpha_i = 0$ für alle $i > m$.

B e w e i s. A) Existenz von Zerlegungen der Form (1.7) (induktiv; Schema (1.13); darin ist A die Menge aller natürlichen Zahlen, für die eine Zerlegung existiert; die Induktion beginnt erst bei n = 2.) Wir haben also zu zeigen:

$$\text{a) } \{2\} \subset A \quad \text{und} \quad \text{b) } \{2, 3, \ldots, n\} \subset A, \text{ so } n + 1 \in A.$$

1. Trivialerweise gilt $2, 3, 4, 5 \in A$; denn

$$2 = 2^1, \qquad 3 = 3^1, \qquad 4 = 2^1 \cdot 2^1, \qquad 5 = 5^1.$$

2. Wir zeigen: Wenn sich alle Zahlen 2, 3, ..., n in der Form (1.7) darstellen lassen, so auch die folgende Zahl n + 1.

1. F a l l: n + 1 ist eine Primzahl p_i, dann $n + 1 = p_i^1$,

2. Fall: $n+1$ ist keine Primzahl, dann gibt es Zahlen r, s **B**
mit $1 < r, s < n+1$, so daß $n+1 = r \cdot s$.

Da $r, s \in \{2, 3, \ldots, n\}$, folgern wir aus A(n), daß es für r und s endliche Produktzerlegungen gibt, dann aber gibt es auch für $n+1 = r \cdot s$ eine abbrechende Produktzerlegung. Da die Zerlegung $n+1 = r \cdot s$ nicht unbedingt eindeutig ist, müssen wir den Beweis für die Eindeutigkeit gesondert führen.

B) Eindeutigkeit der Zerlegung in der Form (1.7). Wir führen den Beweis indirekt, d. h., wir gehen davon aus, daß es mindestens eine natürliche Zahl k gibt, für die zwei verschiedene Zerlegungen existieren und führen dann diese Annahme zum Widerspruch. Der Beweis wird übrigens einfacher, wenn wir jede Primzahlpotenz, die auftritt, zerlegen $p_j \cdot p_j \ldots p_j$ mit α_j Faktoren) und wenn wir die Primzahlen p_i, für die $\alpha_i = 0$ ist, hier gar nicht mitführen.

Wir nehmen also an, daß es ein $k \in \mathbf{N}$ gibt mit 2 verschiedenen Zerlegungen der Form

$$k = q_1 \cdot q_2 \cdot q_3 \cdot \ldots \cdot q_s = r_1 \cdot r_2 \cdot \ldots \cdot r_t \tag{1.26}$$

worin natürlich $s, t \geqslant 2$ gilt.

Wir setzen voraus, daß alle Primzahlen, die sowohl links als auch rechts gleichzeitig aufgetreten sind, weggekürzt wurden, so daß

$$(q_i, r_j) = 1 \quad \text{für alle } i \in \{1, 2, \ldots, s\},\ \ j \in \{1, 2, \ldots, t\}. \tag{1.27}$$

Andererseits ist es wahrscheinlich, daß einige der q_i sowohl als auch einige der r_i jeweils miteinander übereinstimmen.

B e w e i s. B) (Eindeutigkeit) stützt sich auf den Zusammenhang (1.17).
Wir bilden dazu die Menge

$$M = \{x \mid \ x \in \mathbf{N} \text{ und } x \text{ gestattet mehr als eine Zerlegung}\}.$$

Die Prämisse lautet: M ist nicht leer. Mit k bezeichnen wir dann die kleinste positive Zahl in M. Unser Ziel ist es, eine natürliche Zahl k' zu konstruieren, für die – im Widerspruch zur Prämisse – gilt:

$$1.\ k' < k \qquad 2.\ k' \in M.$$

Dazu nehmen wir an, daß in (1.26) q_1 die kleinste aller in (1.26) auftauchenden Primzahlen ist (was man im anderen Fall durch eine Umstellung und Umbenennung stets erreichen kann).

Dann bilden wir die Zahl k^* – für die wegen $q_1 < r_1$ die Abschätzung $k^* < k$ gilt –

$$k^* = q_1 \cdot r_2 \cdot r_3 \cdot \ldots \cdot r_t$$

und mit ihrer Hilfe die Zahl $k' = k - k^*$, für die $1 < k' < k$ gilt. Diese besitzt wegen (1.26) zwei verschiedene Zerlegungen, nämlich

$$1.\ k' = q_1 \cdot (q_2 \cdot q_3 \cdot \ldots \cdot q_s - r_2 \cdot r_3 \cdot \ldots \cdot r_t)$$

und $$2.\ k' = (r_1 - q_1) \cdot r_2 \cdot r_3 \cdot \ldots \cdot r_t.$$

B Der Widerspruch folgt nun daraus, daß notwendig wegen

$$q_1 \nmid (r_1 - q_1) \quad \text{und} \quad (q_1, r_j) = 1 \qquad (j = 2, 3, \ldots, t)$$

q_1 zwar in der aus 1. folgenden Zerlegung, aber nicht in der aus 2. folgenden als Primzahl auftritt. k' gestattet also mehr als eine Zerlegung der Form (1.7), d. h., $k' \in M$. Das ist wegen $k' < k$ ein Widerspruch zur Annahme, daß k die kleinste Zahl in M sein sollte.

Bemerkung 1.11. Der in Satz 1.14 ausgesprochene Zusammenhang erscheint so unbezweifelbar, daß man meinen möchte, ein Beweis erübrige sich. Nun ist die Tatsache, daß man kein Gegenbeispiel kennt, sicher noch kein Grund für Wahrheit. Die Notwendigkeit wird aber vielleicht noch einleuchtender, wenn wir zeigen, daß in einem konstruierten Beispiel die Eindeutigkeit nicht gegeben ist. Wir betrachten die Menge $G = \{2, 4, 6, 8, 10, \ldots\}$ der geraden Zahlen. In ihr können wir analog zu **N** sowohl Teilbarkeit als auch den Begriff Primzahl definieren (vgl. Definition 1.1 bzw. 1.5).

In G sind „Primzahlen“: 2, 6, 10, 14. 18, 22, 26, 30, 34, ... ; keine „Primzahlen“ sind $4 = 2 \cdot 2$, $8 = 2 \cdot 2 \cdot 2$, $12 = 2 \cdot 6$, $16 = 2^3$, $20 = 2 \cdot 10$, $24 = 2^2 \cdot 6$, $28 = 2 \cdot 14$ usw.

Das sieht alles so harmlos ähnlich wie in **N** aus. Die Überraschung erleben wir aber bei 60. 60 gestattet nämlich 2 verschiedene „Primzahlzerlegungen“, nämlich $60 = 2 \cdot 30 = 6 \cdot 10$. Dasselbe gilt bereits für 36, da $36 = 6 \cdot 6$ und $36 = 2 \cdot 18$ zwei verschiedene Zerlegungen sind. Der Grund ist das Fehlen der 3; denn sonst könnten wir schreiben $60 = 2 \cdot (3 \cdot 10) = (2 \cdot 3) \cdot 10$ bzw. $36 = (2 \cdot 3) \cdot (2 \cdot 3) = 2 \cdot (2 \cdot 3 \cdot 3)$, und wir kämen in beiden Fällen auf eine in **N** gültige Zerlegung $60 = 2^3 \cdot 3 \cdot 5$ bzw. $36 = 2^2 \cdot 3^2$.

1.13 Die Primzahlzerlegung als Beweismittel

Wir haben für die Eindeutigkeit der Primzahldarstellung zwei ganz verschiedene Beweise geführt. Der erste (Abschn. 1.5) setzte Satz 1.3 als beweiskräftiges Hilfsmittel voraus, während die Bedeutung des im letzten Abschnitt geführten Beweises darin liegt, daß er – abgesehen von Definitionen – keine zahlentheoretischen Hilfsmittel voraussetzt. Er stützt sich allein auf den Satz, daß jede nichtleere Menge natürlicher Zahlen ein eindeutig bestimmtes kleinstes Element besitzt.

Damit wird Satz 1.18 über die Existenz und Eindeutigkeit der Primzahlzerlegung für jede natürliche Zahl selbst ein kräftiges Hilfsmittel zum Beweis zahlentheoretischer Sätze. Dies wollen wir an einigen Beispielen demonstrieren.

Wir verabreden, die Exponenten von a mit α_i, die von einer b genannten Zahl mit β_i und die einer Zahl mit dem Namen c mit γ_i zu bezeichnen. Außerdem dürfen wir in jedem Fall p_m als letzte Primzahl aller Produkte wählen, wenn für alle α_i, β_i und γ_i gilt, daß sie verschwinden, sobald $i > m$ wird.

Satz 1.19 $a | b \iff \alpha_i \leqslant \beta_i$ für alle $i \leqslant m$.

Beweis. „$\Rightarrow$“ $a | b$ bedeutet, daß es eine Zahl c gibt, so daß $a \cdot c = b$ gilt. Die Exponenten von p_i werden im Produkt $a \cdot c$ die Summen $\alpha_i + \gamma_i$. Daher gilt für alle $i \leqslant m$

B

$$\alpha_i + \gamma_i = \beta_i,$$

und da $\gamma_i \geqslant 0$ gilt, ist stets $\alpha_i \leqslant \beta_i$.

„$\Leftarrow$" Ist $\alpha_i \leqslant \beta_i$ für alle $i \leqslant m$, so wird $\gamma_i = \beta_i - \alpha_i \geqslant 0$ für alle diese i.

Setzen wir $c = p_1^{\gamma_1} \ldots p_m^{\gamma_m}$, so wird $a \cdot c = b$, d. h. $a | b$.

Satz 1.20 $(a, c) = 1 \Longleftrightarrow \min(\alpha_i, \gamma_i) = 0$, d. h. $\alpha_i = 0$ oder $\gamma_i = 0$ für alle $i \leqslant m$.

B e w e i s. Wir hatten früher festgestellt, daß für den ggT (a, b) von a und c

$$(a, c) = p_1^{\min(\alpha_1, \gamma_1)} \cdot \ldots \cdot p_m^{\min(\alpha_m, \gamma_m)}$$

gesetzt werden muß. $(a, c) = 1$ gilt genau dann, wenn alle Exponenten verschwinden. Übrigens gilt

$$[a, c] = p_1^{\max(\alpha_1, \gamma_1)} \ldots p_m^{\max(\alpha_m, \gamma_m)}.$$

Satz 1.21 Gilt $a | b \cdot c$ und ist $(a, c) = 1$, so folgt $a | b$.

B e w e i s. $a | b \cdot c$ bedeutet, daß für alle $i \leqslant m$ die Ungleichung $\alpha_i \leqslant \beta_i + \gamma_i$ erfüllt ist. Weiter folgt aus $(a, c) = 1$, daß $\alpha_i = 0$ oder $\gamma_i = 0$ für alle $i \leqslant m$ ist. Wir unterscheiden 2 Fälle:

1. F a l l: $\alpha_i = 0$, dann gilt selbstverständlich $\alpha_i \leqslant \beta_i$.
2. F a l l: $\alpha_i > 0$, dann aber ist $\gamma_i = 0$ und $\alpha_i \leqslant \beta_i + 0 = \beta_i$.

In jedem der beiden Fälle gilt $\alpha_i \leqslant \beta_i$.

Satz 1.22 Zu jedem Paar a, b natürlicher Zahlen gibt es zwei eindeutig bestimmte, teilerfremde Zahlen α^*, β^*, so daß

1. $a = \alpha^* t^*, \qquad b = \beta^* t^*,$
2. $v^* = \beta^* a = \alpha^* b$

und außerdem

3. $a \cdot b = t^* v^*,$

worin t^* der ggT von a und b, v^* das kgV von a und b ist.

B e w e i s. Aus α_i und β_i leiten wir neue Exponenten t_i, v_i bzw. x_i, y_i ab.

Für $\alpha_i > \beta_i$ sei $v_i = \alpha_i, \quad t_i = \beta_i, \quad x_i = \alpha_i - \beta_i, \quad y_i = 0.$

Für $\alpha_i = \beta_i$ sei $v_i = \alpha_i = t_i = \beta_i, \quad x_i = y_i = 0.$

Für $\alpha_i < \beta_i$ sei $v_i = \beta_i, \quad t_i = \alpha_i, \quad x_i = 0, \quad y_i = \beta_i - \alpha_i.$

Wir setzen $\alpha^* = p_1^{x_1} \ldots p_m^{x_m}$, $\beta^* = p_1^{y_1} \ldots p_m^{y_m}$. Dann folgt

aus $t_i = \min(\alpha_i, \beta_i)$, daß $t^* = p_1^{t_1} \ldots p_m^{t_m}$,

aus $v_i = \max(\alpha_i, \beta_i)$, daß $v^* = p_1^{v_1} \ldots p_m^{v_m}$,

aus $\alpha_i = t_i + x_i$, daß $a = \alpha^* t^*$,

aus $\beta_i = t_i + y_i$, daß $b = \beta^* t^*$,

B aus $\min(x_i, y_i) = 0$, daß $(\alpha^*, \beta^*) = 1$,

aus $v_i = \alpha_i + y_i = \beta_i + x_i$, daß $v^* = \beta^* a = \alpha^* b$ und schließlich

aus $\alpha_i + \beta_i = t_i + v_i$, daß $a \cdot b = v^* \cdot t^*$ gilt.

Mit Hilfe der Zerlegung (1.7) können wir außerdem Aussagen über die Anzahl, aber auch über die Summe aller Teiler einer Zahl machen. Wir denken eine Zahl $a_n = p_1^{\alpha_1} \cdot p_2^{\alpha_2} \cdot \ldots \cdot p_n^{\alpha_n}$ vorgegeben, von der wir wissen, daß alle $\alpha_i = 0$ für $i > n$. Anzahl und Summe aller Teiler gewinnen wir schrittweise. Wir beginnen mit $a_1 = p_1^{\alpha_1}$ nehmen dann die folgende Primzahlpotenz $p_2^{\alpha_2}$ hinzu, bilden also $a_2 = p_1^{\alpha_1} \cdot p_2^{\alpha_2}$ usw. und bezeichnen mit $\tau(a_i)$ die Anzahl, mit $\sigma(a_i)$ die Summe der Teiler von $a_i = p_1^{\alpha_1} \cdot p_2^{\alpha_2} \cdot \ldots \cdot p_i^{\alpha_i}, i \leqslant n$.

Die Teiler von $a_1 = p_1^{\alpha_1}$ sind $1, p_1, p_1^2, \ldots p_1^{\alpha_1}$. Ihre Anzahl $\tau(a_1)$ ist $\alpha_1 + 1$ und ihre Summe ist $\sigma(a_1) = 1 + p_1 + p_1^2 + \ldots + p_1^{\alpha_1}$.

Jeder Teiler t von a_1 führt zu α_2 neuen Teilern von a_2, da aber t selbst wieder Teiler von a_2 ist, gewinnen wir aus jedem t insgesamt $\alpha_2 + 1$ neue Teiler: Wir gewinnen

aus 1 die Teiler: $1, p_2, p_2^2, \ldots, p_2^{\alpha_2}$

aus p_1 die Teiler: $p_1, p_1 \cdot p_2, p_1 \cdot p_2^2, \ldots, p_1 \cdot p_2^{\alpha_2}$

$\vdots$

aus $p_1^{\alpha_1}$ die Teiler: $p_1^{\alpha_1}, p_1^{\alpha_1} \cdot p_2, \ldots, p_1^{\alpha_1} \cdot p_2^{\alpha_2}$

Dies sind alle Teiler von a_2. Da in jeder der $(\alpha_1 + 1)$ Zeilen je $(\alpha_2 + 1)$ Teiler stehen, ist $(\alpha_1 + 1) \cdot (\alpha_2 + 1)$ die Anzahl $\tau(a_2)$ der Teiler von a_2.

Ihre Summe gewinnen wir, wenn wir in der 1. Zeile 1, in der zweiten Zeile den gemeinsamen Faktor p_1, in der dritten p_1^2 usw. ausklammern. Wir erhalten als Summe der Teiler der

ersten Zeile: $1 \cdot (1 + p_2 + p_2^2 + \ldots + p_2^{\alpha_2})$

zweiten Zeile: $p_1 \cdot (1 + p_2 + p_2^2 + \ldots p_2^{\alpha_2})$

$\vdots$

letzten Zeile $p_1^{\alpha_1} \cdot (1 + p_2 + \ldots + p_2^{\alpha_2})$,

so daß die Gesamtsumme $(1 + p_1 + p_1^2 + \ldots + p_1^{\alpha_1}) \cdot (1 + p_2 + p_2^2 + \ldots + p_2^{\alpha_2})$ wird.

Wir überprüfen die Veränderung von Summe und Anzahl beim Übergang von a_{i-1} zu a_i.

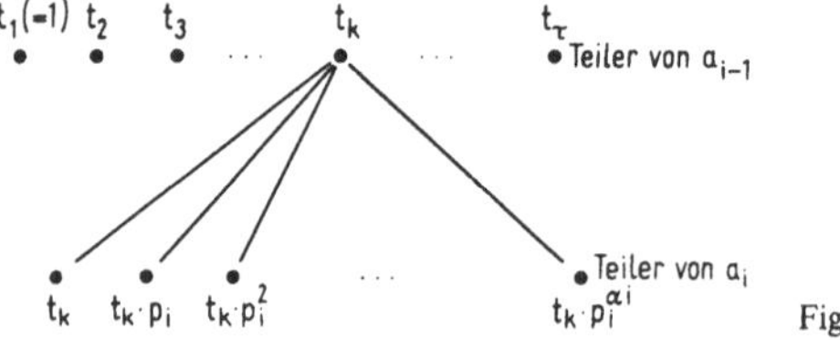

Fig. 1.10

Zunächst denken wir uns alle $\tau(a_{i-1})$ (kurz τ) Teiler von a_{i-1}, nämlich t_1 (= 1), $t_2, t_3, \ldots t_\tau$ in eine Zeile geschrieben. t_k sei einer dieser τ Teiler (vgl. Fig. 1.10). Er liefert uns $\alpha_i + 1$ Teiler $t_k, t_k \cdot p_i, t_k \cdot p_i^2, \ldots, t_k \cdot p_i^{\alpha_i}$ von a_i. Von jedem der τ Punkte in der Zeile der Teiler von a_{i-1} gehen $\alpha_i + 1$ Verzweigungen aus, die zu $\alpha_i + 1$ Teilern der Zeile mit den Teiler von a_i führen. Da alle τ Teiler der a_{i-1}-Zeile voneinander verschieden sind, sind es auch die der a_i-Zeile. B

Daran erkennt man

$$\begin{aligned}\tau(a_i) &= \tau(a_{i-1}) \cdot (\alpha_i + 1),\\ \sigma(a_i) &= (t_1 + t_2 + \ldots + t_\tau) \cdot (1 + q_i + q_i^2 + \ldots + q_i^{\alpha_i})\\ &= \sigma(a_{i-1}) \cdot (1 + q_i + q_i^2 + \ldots + q_i^{\alpha_i}),\end{aligned} \tag{1.28}$$

da $t_1 + t_2 + \ldots + t_\tau$ die Summe $\sigma(a_{i-1})$ der Teiler von a_{i-1} ist.
Nun können wir in einem (abbrechenden) Induktionsschluß beweisen:

Satz 1.23 Es gilt für alle $n \in \mathbf{N}$ die Aussage
A(n): Ist $a_n = p_1^{\alpha_1} \cdot p_2^{\alpha_2} \cdot \ldots \cdot p_n^{\alpha_n}$ mit $\alpha_i \geqslant 0$ die Primfaktorzerlegung von a_n, so gilt
1. für die Anzahl $\tau(a_n)$ der Teiler von a_n:

$$\tau(a_n) = (\alpha_1 + 1)(\alpha_2 + 1) \ldots (\alpha_n + 1),$$

2. für die Summe $\sigma(a_n)$ der Teiler von a_n

$$\begin{aligned}\sigma(a_n) = (1 + p_1 + \ldots + p_1^{\alpha_1}) \cdot (1 + p_2 + \ldots + p_2^{\alpha_2}) \cdot \ldots\\ \cdot (1 + p_n + p_n^2 + \ldots + p_n^{\alpha_n}).\end{aligned}$$

B e w e i s. Wie wir oben überlegten, sind die Aussagen A(1) und A(2) richtig:
Sind sie aber für a_{i-1} richtig, gilt also

$$\tau(a_{i-1}) = (\alpha_1 + 1)(\alpha_2 + 1) \ldots (\alpha_{i-1} + 1)$$

bzw. $$\begin{aligned}\sigma(a_{i-1}) = (1 + p_1 + \ldots + p_1^{\alpha_1}) \cdot (1 + p_2 + \ldots + p_2^{\alpha_2}) \cdot \ldots\\ \cdot (1 + p_{i-1} + \ldots + p_{i-1}^{\alpha_{i-1}}),\end{aligned}$$

so folgt ihre Richtigkeit für a_i aus (1.28).
Aus A(1), A(2) wahr und A(i–1) ⇒ A(i) für alle $i \geqslant 1$ folgt nach dem Induktionsprinzip (1.13) die Gültigkeit von A(n) für alle n.

Satz 1.24 Es gibt unendlich viele Primzahlen.

B e w e i s. Wir machen uns klar, daß es unmöglich ist, alle natürlichen Zahlen in der Form (1.7) mit nur endlich vielen Primzahlen anzugeben. Sind nämlich $p_1, p_2, \ldots, p_n$ die der Größe nach geordneten ersten n Primzahlen, so können wir beliebig viele natürliche Zahlen angeben, in deren Zerlegung keine dieser Primzahlen vorkommt. Wir bilden z. B.

$$k = p_1^{\alpha_1} \cdot p_2^{\alpha_2} \cdot \ldots \cdot p_i^{\alpha_i} + p_{i+1}^{\alpha_{i+1}} \cdot \ldots \cdot p_n^{\alpha_n},$$

wobei die $\alpha_i \geqslant 1$, sonst aber beliebig, die Schnittstelle i irgendwo im Innern des Produktes $p_1^{\alpha_1} \cdot p_2^{\alpha_2} \cdot \ldots \cdot p_n^{\alpha_n}$ gewählt werden kann.
Würde nämlich $p_j | k$ für ein $j \in \{1, 2, \ldots, i\}$ gelten, so wäre $k - p_1^{\alpha_1} \cdot p_2^{\alpha_2} \cdot \ldots \cdot p_i^{\alpha_i}$ durch p_j teilbar und p_j müßte auch in der natürlichen Zahl $p_{i+1}^{\alpha_{i+1}} \cdot p_{i+2}^{\alpha_{i+2}} \cdot \ldots \cdot p_n^{\alpha_n}$ vor-

B kommen. Genauso schließen wir, falls $p_j \mid k$ für ein $j \in \{i+1, i+2, \ldots, n\}$ gilt. In der Zerlegung von k kommt also keine der Primzahlen $p_1, p_2, \ldots, p_n$ vor.

Aufgabe 1.16 a) Bei Euklid findet man den Beweis des Satzes 1.16 mit der Zahl $k = p_1 \cdot p_2 \cdot \ldots \cdot p_n + 1$ durchgeführt. Wie lautet dort die Begründung? Vergleichen Sie diesen sparsamen Ansatz mit unserem.

b) Begründen Sie, warum der Beweis auch mit

$$k = p_1^{\alpha_1} \cdot \ldots \cdot p_i^{\alpha_i} - p_{i+1}^{\alpha_{i+1}} \cdot \ldots \cdot p_n^{\alpha_n}$$

durchgeführt werden kann, sofern $k > 0$ ist und daß hier k selbst eine Primzahl sein muß, falls $k \leqslant p_n^2$ ist.

Aufgabe 1.17 Warum sind die k aufeinander folgenden natürlichen Zahlen $(k+1)! + 2$, $(k+1)! + 3, \ldots, (k+1)! + (k+1)$ sämtlich keine Primzahlen?

Aufgabe 1.18 In 3 aufeinander folgenden ungeraden Zahlen ist mindestens eine durch 3 teilbar. Warum?

Was bedeutet dies für das Auftreten von „Primzahldrillingen" wie 3, 5, 7?

C

1.14 Teiler, Vielfache, Primzahlen im Unterricht

Die Teilbarkeitslehre bietet für einen problemorientierten Unterricht eine Fülle motovierender Fragestellungen und Analogien. Wir warnen aber, die Teilbarkeitslehre mit der Bruchrechnung gleichzeitig zu unterrichten, da erfahrungsgemäß die Bruchrechnung schon für sich allein sehr hohe Anforderungen stellt.

Unsere Eingangsprobleme im A-Teil zeigen, wie Parkettierungsfragen, d. h., überhaupt Probleme geometrischer Natur aussehen könnten.

I Probleme geometrischer Natur im 6./7. Schuljahr

a) Vorgegeben ist ein Rechteck – Seitenlängen etwa 6 cm und 8 cm. Gefragt wird, wie lang die Seitenlängen von Quadraten sind, die sich mit ihnen parkettieren lassen und welches das kleinste Quadrat dieser Art ist.

b) Ein Backstein hat die Abmessungen 5 cm, 10 cm, 20 cm.

Welche verschiedenen quadratischen Säulen, welche verschiedenen Würfel lassen sich aus ihnen bauen?

c) In einem quadratischen Gitter wird ein Rechteck ausgezeichnet und zum Parkettieren parallel zu sich selbst verschoben. Es entstehen größere Rechtecke, insbesondere solche, an deren Seiten gleichviele der Ausgangsrechtecke liegen. In wieviel Teile werden die Diagonalen der parkettierten größeren Rechtecke durch die Gitterlinien des quadratischen Grundgitters geteilt?

d) In einem quadratischen Gitter wird ein Rechteck so gezeichnet, daß seine Seiten auf den Gitterlinien liegen. Bei welchen Seitenlängen kann dieses Rechteck mit Quadraten parkettiert werden, die größer als die des quadratischen Gitters sind? C

II Analogieprobleme 5./6. Schuljahr (auf 5 Parallelvorgänge erweiterbar)

a) Es gibt 2 Sorten von untereinander gleichlangen Stäben. Die Stäbe der Sorte A sind etwa 6 cm, die der Sorte B etwa 8 cm lang. Wie oft muß man Stäbe einer Sorte aneinanderlegen, um eine Gesamtlänge zu bekommen, die auch durch Stäbe der anderen Sorte gelegt werden kann?

Wie groß sind Abstände von 2 beliebigen Endpunkten eines A- und eines B-Stäbchens? Gelingt es, eine allgemeingültige Eigenschaft dieser Unterschiedslängen anzugeben?

b) Zwei Omnibuslinien beginnen ihren täglichen Dienst morgens um 6 Uhr am gleichen Platz. Linie A braucht für ihre planmäßige Rundfahrt 6 Viertelstunden, Linie B dagegen 8 Viertelstunden. Nach welchen Zeiten treffen sich die gleichen Wagen wieder auf dem Ausgangsplatz? Welche Zeitdifferenzen zwischen der Abfahrt eines Wagens der A-Linie und der eines Partner-Wagens der B-Linie treten überhaupt auf?

c) Zwei Röhren füllen ein Becken, die erste (A) braucht allein 6 Stunden, die zweite (B) dagegen braucht 8 Stunden, um das Becken zu füllen. Wie lange brauchen beide zusammen? Zur Lösung des Problems denkt man viele gleichgroße Becken, die einzeln von den beiden Röhren gefüllt werden, oder man zerlegt das Volumen des Beckens in eine passende Anzahl gleichgroßer Teilvolumen. Im ersten Fall fragt man weiter: Welche Volumenunterschiede treten in einem Augenblick auf, in dem beide Röhren für sich je eine ganzzahlige Anzahl von Becken gefüllt haben?

d) Auf einer Apothekerwaage werden auf der Waagschale A 6g-Stücke, auf der Waagschale B 8g-Stücke aufgelegt. Wieviel muß man von jeder Sorte mindestens wählen, damit die Waage im Gleichgewicht ist? Wie schwer dürfen Körper sein, damit man sie als Zusatzgewicht auf einer der beiden Waagschalen wägen kann?

e) Zwei Zahnräder haben 6 bzw. 8 Zähne. Nach wieviel Drehungen von einem der beiden sind sie wieder in der Ausgangsstellung?

III Diagramme für die Teilerrelation (4./5. Schuljahr)

a) *Venndiagramme* haben als besonders anschauliches Hilfsmittel für logische Entscheidungen eine wachsende Bedeutung erlangt. In vielen Richtlinien wird ausdrücklich empfohlen, neben Mengen aus didaktischem Material auch Zahlenmengen – Mengen von Teilern, Mengen von Vielfachen (die Zahlen eines Einmaleins), Zahlen mit vorgegebener Ziffernzahl und vorgegebener Quersumme, Zahlen mit vorgegebenen Ziffern (ohne Festlegung der Reihenfolge) – zu verwenden. Hier kann experimentell festgestellt werden, daß die Menge der gemeinsamen Teiler selbst eine Teilermenge, die der gemeinsamen Vielfachen selbst eine Vielfachmenge ist.

b) *Ordnungsdiagramme.* Da in der Menge T_a der Teiler von a t/a eine Ordnungsrelation ist, kann man Hasse-Diagramme wie in Fig. 1.6 zeichnen. Dabei ist die

C Tatsache bemerkenswert, daß alle Zahlen, deren Primzahlzerlegung die Form $p^\alpha \cdot q^\beta \cdot r^\gamma$ bei verschiedenen Primzahlen p, q, r aber gleichem Exponententripel α, β, γ analoge Diagramme besitzen.

c) B a u m d i a g r a m m e. Die Bestimmung der Anzahl der Teiler von a läßt sich sehr übersichtlich mit einem – auch sonst sehr nützlichen – Baumdiagramm durchführen. Fig. 1.11 zeigt das Diagramm für $p^3 \cdot q^2 \cdot r$.

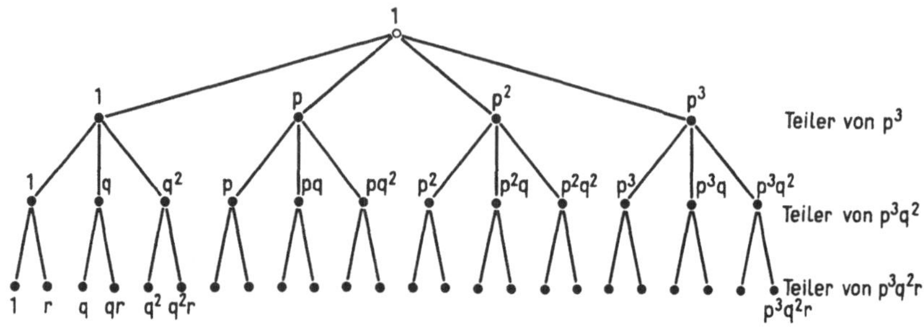

Fig. 1.11

d) K ä s t c h e n d i a g r a m m e, wie wir sie in Fig. 1.8 und 1.9 aufgezeichnet haben, sind für Schüler vom 4. Schuljahr an geeignet. Sie können auf Venndiagramme übertragen werden, wenn natürliche Zahlen mit der Primzahlzerlegung

$$a = p_1^{\alpha_1}\, p_2^{\alpha_2} \ldots p_n^{\alpha_n}$$

als Paarmengen in der Form $\{(p_1, 1), (p_1, 2), \ldots, (p_1, \alpha_1), (p_2, 1), \ldots, (p_2, \alpha_2), \ldots, (p_n, 1), (p_n, 2), \ldots, (p_n, \alpha_n)\}$ aufgeschrieben werden. Hier ist in jedem Paar die 1. Zahl eine Primzahl p_i, die 2. Zahl ein Exponent aus $\{1, 2, \ldots, \alpha_i\}$. Dieses Paar ist einem im Kästchendiagramm schraffierten Kästchen eineindeutig zugeordnet. Hier kann man Teiler als Teilmengen, gemeinsame Teiler als Teilmengen des Durchschnitts, Vielfache als Obermengen, gemeinsame Vielfache als Obermengen der Vereinigung leicht finden und angeben.

IV Spiele zur Zahlentheorie

Das Spiel setzt sich erfreulicherweise als Unterrichtsform, bei der man nicht nur mit verstärkter Motivation rechnen, sondern auch soziale Lernziele verfolgen kann, immer mehr durch. Hier sollen nur 2 Möglichkeiten kurz beschrieben werden.

a) **Primzahlzerlegung** (ab 3. Schuljahr)

S p i e l m a t e r i a l. a) 3 Würfel, je 3 Seiten sind frei, die 3 anderen sind, wie angegeben, mit Primzahlen versehen. 1. Würfel: 2, 2, 5; 2. Würfel: 3, 3, 7; 3. Würfel: 2, 3, 5.

b) Spielplan (Din A 4) mit Zahlen zwischen 10 und 110.

c) Für jeden Spieler 6 bis 8 Setzer einer Farbe.

C

12	14	16	18	20
21	24	25	27	28
30	32	35	36	40
42	45	48	49	50
54	56	60	63	64
70	72	75	80	81
84	90	98	100	105

S p i e l v e r l a u f. Die Spieler würfeln reihum und bilden mit Hilfe der gewürfelten Primzahlen, die alle benutzt werden müssen, aber beliebig oft als Faktor verwendet werden dürfen, eine Zahl des Plans, die noch nicht besetzt ist.

Diese Zahl, deren Primzahlzerlegung sie vorrechnen müssen, besetzen sie dann mit einem Setzer ihrer Farbe. Sind die Felder sämtlicher Zahlen, die er bilden könnte, besetzt, so kann der betr. Spieler in dieser Runde keinen Setzer loswerden. Sieger ist nämlich derjenige Spieler, der zuerst alle Setzer auf den Plan absetzen konnte.

b) Faktorzerlegung (ab 4. Schuljahr)

S p i e l m a t e r i a l. a) Ergebniskarten = 16 Karten mit den folgenden Zahlen 24, 30, 36, 40, 42, 48, 54, 56, 60, 64, 70, 72, 80, 90, 96, 100.

b) Primzahlkärtchen = 6 Karten mit der Primzahl 2, 4 Karten mit der Primzahl 3, je 3 Karten mit den Primzahlen 5 bzw. 7.

c) Gewinnchips.

S p i e l v e r l a u f. Die Ergebniskarten werden gestapelt und verdeckt in die Tischmitte gelegt, während die Primzahlkarten offen und ungeordnet daneben liegen. Ein Spieler wird Spielführer. Der Spieler am Zug deckt das jeweils oberste Ergebniskärtchen auf und versucht, die Primzahlen der auf ihm stehenden Zahl aus dem Haufen herauszufinden. Er legt mit ihnen die vollständige Zerlegung. Deckt er etwa 84 auf, so legt er die Primzahlen 2 2 3 7 vor sich hin. Gelingt ihm die richtige Zerlegung, so erhält er vom Spielführer einen Chip.

Er soll aber weiter die Primzahlen so gruppieren, daß eine Faktorzerlegung gewonnen wird. Im Beispiel also etwa

2	2 3 7	$2 \cdot 42$
2 2	3 7	$4 \cdot 21$
2 3	2 7	$6 \cdot 14$ usw.

Der Spielführer schreibt die Zerlegungen mit und kontrolliert, ob der Spieler 3 verschiedene Faktorzerlegungen findet. Gelingt dies dem Spieler, so erhält er vom Spiel-

C führer einen zweiten Gewinnchip. Für je eine weitere neue Zerlegung erhält er je einen 3., 4. usw. Chip. Das Spiel ist beendet, wenn jeder der Mitspieler einmal Spielführer war. Gewinner ist dann der Spieler mit den meisten Gewinnchips.

2 Systemzahlen und Systembrüche

A

2.1 Systemzahlen

Wir stellen uns die Frage, wie man mit möglichst wenig Massenstücken die Massen 1 kg, 2 kg, 3 kg, . . . auf einer Tafelwaage einzeln wiegen kann. Dabei sollen die Massenstücke sämtlich auf der einen Waagschale dem zu wiegenden Körper auf der anderen das Gleichgewicht halten.

Offenbar muß man mit einem 1-kg-Stück beginnen. Würde man dann ein weiteres 1-kg-Stück wählen, so könnte man mit beiden lediglich noch 2 kg wiegen. Sparsamer ist es, gleich ein 2-kg-Stück zu wählen, denn dann können wir sowohl 1 kg, 2 kg als auch noch 3 kg abwiegen.

Als drittes wählen wir dann ein 4-kg-Stück. Mit seiner Hilfe gelingt es uns

4 kg, 5 kg (= 4 kg + 1 kg), 6 kg (= 4 kg + 2 kg)

und 7 kg (= 4 kg + 2 kg + 1 kg)

abzuwiegen.

Als viertes Massenstück werden wir dann ein 8-kg-Stück hinzunehmen. Da wir alle ganzzahligen kg-Werte von 1 kg bis 7 kg einzeln wiegen können, erlaubt uns das 8-kg-Stück alle kg-Anzahlen von 8 kg bis 8 kg + 7 kg = 15 kg einzeln abzuwiegen.

Mit dem an fünfter Stelle gewählten 16-kg-Stück kommen wir bereits bis 16 kg + 15 kg = 31 kg.

Man bemerkt, daß wir der Reihe nach Massenstücke wählen, deren kg-Zahlen die Potenzen von 2 sind.

Alle kg-Stücke von 1 kg bis 2^{n-1} kg zusammen ergeben nämlich die Masse

$$1 \text{ kg} + 2 \text{ kg} + 4 \text{ kg} + \ldots + 2^{n-1} \text{ kg} = 2^n - 1 \text{ kg};$$

denn setzen wir $1 + 2 + 4 + \ldots + 2^{n-1} = s_n$, so wird $2 s_n = 2 + 4 + \ldots + 2^n$, d. h.

$$s_n - 1 + 2^n = 2 s_n \quad \text{oder} \quad s_n = 2^n - 1.$$

Die Summe aller Zweierpotenzen bis 2^{n-1} ist – bis auf den Summanden –1 – die folgende Zweierpotenz.

Wir notieren uns in Tab. 2.1, welche verschiedenen Massenstücke unserer Sammlung für einige beliebig gewählte kg-Anzahlen ausgewählt werden müssen.

A

Tab. 2.1

kg	64 kg	32 kg	16 kg	8 kg	4 kg	2 kg	1 kg
3	0	0	0	0	0	1	1
5	0	0	0	0	1	0	1
13	0	0	0	1	1	0	1
42	0	1	0	1	0	1	0
67	1	0	0	0	0	1	1
85	1	0	1	0	1	0	1
127	1	1	1	1	1	1	1

Massen, deren ganzzahlige kg-Zahl zwischen 1 kg und 127 kg einschließlich liegt, lassen sich also mit den 7 Massenstücken im Kopf der Tabelle, d. h. mit 2^0 kg, 2^1 kg, 2^2 kg, ..., 2^6 kg = 64 kg wiegen. Machen wir uns von dem Wägeproblem unabhängig, so können wir sagen, daß sich jede Zahl k aus $\{1, 2, 3, \ldots, 126, 127\}$ als siebenstellige Ziffernfolge in der Form

$$k = c_6 c_5 c_4 c_3 c_2 c_1 c_0 \quad \text{mit } c_i \in \{0, 1\}$$

darstellen läßt. Das ist die Kurzform für

$$k = c_6 \cdot 2^6 + c_5 \cdot 2^5 + c_4 \cdot 2^4 + c_3 \cdot 2^3 + c_2 \cdot 2^2 + c_1 \cdot 2^1 + c_0 \cdot 2^0 \quad \text{mit} \quad c_i \in \{0, 1\}.$$

Wir beweisen jetzt induktiv die für $n \in \mathbf{N}$ gültige Aussage

A(n) := Alle Zahlen von 1 bis $2^n - 1$ lassen sich als Summe von Zweierpotenzen aus $2^0, 2^1, 2^2, \ldots, 2^{n-1}$ darstellen.

Wir haben oben gesehen, daß die Aussagen A(1), A(2), A(3) wahr sind. Nehmen wir die Gültigkeit von A(n) an, so können wir aus ihr die von A(n + 1) herleiten.

Sei also k eine beliebige Zahl aus $\{1, 2, \ldots, 2^{n+1} - 1\}$. Dann unterscheiden wir 3 Fälle:

1. Fall: $k \in \{1, 2, 3, \ldots, 2^n - 1\}$. Dann ist die Darstellbarkeit durch A(n) selbst gesichert.

2. Fall: $k = 2^n$. Hier ist bereits die geforderte Darstellung direkt gegeben.

3. Fall: $k \in \{2^n + 1, 2^n + 2, \ldots, 2^{n+1} - 1\}$. Dann schreiben wir $k = 2^n + k^*$, und darin ist k^* aus $\{1, 2, \ldots, 2^n - 1\}$.

Wegen A(n) gestattet k^* die Darstellung $k^* = c_{n-1} 2^{n-1} + \ldots + c_1 2^1 + c_0 2^0$, so daß also in jedem Fall

$$k = c_n \cdot 2^n + \ldots + c_2 \cdot 2^2 + c_1 \cdot 2^1 + c_0 \cdot 2^0 \quad \text{mit } c_i \in \{0, 1\} \tag{2.1}$$

Ist eine beliebige Zahl, z. B. 493 gegeben, so müssen wir, um ihre Summendarstellung (2.1) zu finden, die größte Zweierpotenz suchen, die in 493 enthalten ist; das ist $2^8 = 256$. Wir finden also

$$493 = 1 \cdot 2^8 + 237.$$

A Jetzt suchen wir die größte Zweierpotenz in 237. Das ist $2^7 = 128$. Also wird

$$493 = 1 \cdot 2^8 + 1 \cdot 2^7 + 109$$

und weiter

$$493 = 1 \cdot 2^8 + 1 \cdot 2^7 + 1 \cdot 2^6 + 45$$

$$493 = 1 \cdot 2^8 + 1 \cdot 2^7 + 1 \cdot 2^6 + 1 \cdot 2^5 + 13$$

$$493 = 1 \cdot 2^8 + 1 \cdot 2^7 + 1 \cdot 2^6 + 1 \cdot 2^5 + 0 \cdot 2^4 + 1 \cdot 2^3 + 5$$

$$493 = 1 \cdot 2^8 + 1 \cdot 2^7 + 1 \cdot 2^6 + 1 \cdot 2^5 + 0 \cdot 2^4 + 1 \cdot 2^3 + 1 \cdot 2^2 + 0 \cdot 2^1 + 1 \cdot 2^0.$$

Lassen wir von jedem Massenstück ein Doppel zu, so erhalten wir von unserem Wägeproblem eine zweite, wenn auch etwas ungünstigere Lösung. Wir beginnen mit 2 Massenstücken von je 1 kg und brauchen dann 2 Massenstücke von je 3 kg. Tab. 2.2 zeigt, daß wir mit diesen 4 Massenstücken alle kg-Zahlen von 1 kg bis 8 kg darstellen können.

Tab. 2.2

kg	3 kg	1 kg
1	0	1
2	0	2
3	1	0
4	1	1
5	1	2
6	2	0
7	2	1
8	2	2

Deshalb wählen wir als 5. Massenstück 9 kg. Da wir bis 8 kg alle kg-Zahlen darstellen können, lassen sich jetzt alle bis 9 kg + 8 kg = 17 kg darstellen und mit dem zweiten 9-kg-Stück kommen wir jetzt bis $2 \cdot 9$ kg + $2 \cdot 3$ kg + $2 \cdot 1$ kg = 26 kg. Die nächsten beiden Massenstücke müssen je 27 kg wiegen. Wir bemerken, daß wir hier – im Gegensatz zur Wahl der einfachen Massenstücke, die sämtlich Zweierpotenzen waren – der Reihe nach die Potenzen von 3 wählen müssen.

Aufgabe 2.1 a) Setzen Sie die Tabelle im Kopf bis $3^4 = 81$ fort. Schreiben Sie dann die Zahlen 47, 80, 123, 200, 242 als Summe von Dreierpotenzen, wobei als Vielfache allein die Zahlen 0, 1 und 2 zugelassen sind.

b) Zeigen Sie, daß $2 \cdot 3^{n-1} + 2 \cdot 3^{n-2} + \ldots + 2 \cdot 3^1 + 2 \cdot 3^0 = 3^n - 1$ (Hilfe: Setzen Sie für die linke Summe abkürzend s_n und bilden Sie $3\,s_n$. Sie finden $3\,s_n + 2 \cdot 3^0 - 2 \cdot 3^n = s_n$).

c) Führen Sie induktiv den Nachweis für die Aussage A(n) := Jede Zahl k aus $\{1, 2, \ldots, 3^n - 1\}$ läßt sich in der Form

$$k = c_{n-1}\, 3^{n-1} + \ldots + c_1 \cdot 3^1 + c_0 \cdot 3^0 \quad \text{mit } c_i \in \{0, 1, 2\} \tag{2.2}$$

d. h. als Summe von Dreierpotenzen mit Vielfachen aus $\{0, 1, 2\}$ darstellen.

d) Zeigen Sie, daß man zur Darstellung aller kg-Anzahlen bis 242 kg mit insgesamt 5 Paaren, also insgesamt 10 Massenstücken auskommt. Bei Benutzung der Darstellung (2.1) braucht man bis 256 kg lediglich 8 Massenstücke. **A**

Aufgabe 2.2 Weniger Massenstücke braucht man, wenn man zuläßt, daß beim Abwägen vorhandene Massenstücke auf beide Waagschalen gelegt werden dürfen. So wiegt man einen 2 kg schweren Körper, indem man auf die eine Waagschale 3 kg, auf die andere den Körper und ein 1-kg-Stück stellt. So gewinnt man u. a.

$$2 \text{ kg} = 3 \text{ kg} - 1 \text{ kg}$$
$$4 \text{ kg} = 3 \text{ kg} + 1 \text{ kg}$$
$$5 \text{ kg} = 9 \text{ kg} - 3 \text{ kg} - 1 \text{ kg}$$
$$13 \text{ kg} = 9 \text{ kg} + 3 \text{ kg} + 1 \text{ kg}.$$

a) Schreiben Sie die entsprechenden Gleichungen für 38 kg, 40 kg, 41 kg, 80 kg, 120 kg, 122 kg.

b) Bei welchen Massenwerten muß man ein neues Massenstück wählen, und welche Masse hat es? Wie stellt man nach einer derartigen neuen Wahl die folgende Masse dar?

c) Wie weit kommt man lückenlos mit 10 Massenstücken? (Hilfe: Benutzen Sie die Formel $3^0 + 3^1 + \ldots + 3^{n-1} = \frac{1}{2}(3^n - 1)$.)

Wir stoßen mit unserem Wägeproblem auf wohlvertraute Zusammenhänge, falls wir von jeder Sorte von Massenstücken maximal 9 zulassen. Zunächst werden wir, um Massen von 1 kg bis 9 kg wiegen zu können, jeweils ein 1-kg-Stück dazu wählen – insgesamt 9. Dann wählen wir ein 10-kg-Stück und können dann lückenlos alle kg-Werte von 1 kg bis 19 kg abwiegen. Dann wählen wir schrittweise je ein 10-kg-Stück dazu, insgesamt 9 und kommen damit bis 99 kg = 9 · 1 kg + 9 · 10 kg. In den nächsten 9 Schritten wählen wir jedesmal 100 kg usw.

Hier treten als Massenzahlen die Potenzen von 10 und als zugelassene Vielfache die Zahlen von 1 bis 9 auf. Wir stoßen auf die bekannte Darstellung natürlicher Zahlen im Dezimalsystem, in dem ja z. B. 3729 eine Abkürzung ist für

$$3729 = 3 \cdot 10^3 + 7 \cdot 10^2 + 2 \cdot 10^1 + 9 \cdot 10^0.$$

Jede natürliche Zahl, das wissen wir, läßt sich – sogar eindeutig, falls die Vielfachen c_i nicht größer als 9 sind – in der Form

$$k = c_n \cdot 10^n + c_{n-1} \cdot 10^{n-1} + \ldots + c_1 \cdot 10^1 + c_0 \cdot 10^0$$

mit $c \in \{0, 1, \ldots, 8, 9\}$ (2.3)

darstellen.

Wir werden am Ende dieses Abschnitts beweisen, daß der für b = 2, 3 und 10 dargestellte Zusammenhang (vgl. (2.1), (2.2) und (2.3)) für jede natürliche Basis b gilt, d. h., daß sich jede Zahl $k \in \mathbf{N}$ eindeutig als Summe von Potenzen aus b darstellen läßt, wenn als Viel-

A fache die Zahlen aus $\{0, 1, 2, \ldots, b-1\}$ zugelassen werden. Für alle $k \in \mathbb{N}$ gibt es also genau eine Darstellung in der Form

$$k = c_n \cdot b^n + c_{n-1} \cdot b^{n-1} + \ldots + c_1 b^1 + c_0 \cdot b^0$$

mit $c_i \in \{0, 1, 2, \ldots, b-1\}$ (2.4)

Wir schreiben abkürzend $k = c_n c_{n-1} c_{n-2} \ldots c_2 c_1 c_{0(b)}$.

Die Basiszahl b hängen wir in Klammern wie einen Index an die Ziffernfolge, da man aus ihr allein b nicht erkennen kann.

Hier tauchen nun 2 Probleme auf: Das erste zielt auf die Umwandlung der Darstellung einer Zahl in ein anderes System – also z. B. auf die Verwandlung einer dezimal geschriebenen Zahl in eine Zahl des Siebenersystems und umgekehrt. Das zweite Problem fragt nach der Ausführung der Rechenoperationen in den verschiedenen Systemen. Wir begnügen uns damit, die Lösung des 1. Problems mit Hilfe von Beispielen zu verdeutlichen.

Wir beginnen mit der Umwandlung einer als Systemzahl zur Basis 7 geschriebenen Zahl in ihre Darstellung als Systemzahl zur Basis 10, d. h. in ihre Dezimaldarstellung. Das ist darum besonders einfach, weil wir

1. die Dezimaldarstellung der Siebenerpotenzen kennen,
2. diese dezimal geschriebenen Potenzen mit dem gegebenen Vielfachen multiplizieren können und weil wir
3. die einzelnen dezimal geschriebenen Summanden addieren können.

Wir verabreden, dezimal geschriebene Zahlen nicht ausdrücklich als solche (durch Anhängen von (10) als Index) zu kennzeichnen. So wird

$$\begin{aligned} 13562_{(7)} &= 1 \cdot 7^4 + 3 \cdot 7^3 + 5 \cdot 7^2 + 6 \cdot 7^1 + 2 \cdot 7^0 \\ &= 1 \cdot 2401 + 3 \cdot 343 + 5 \cdot 49 + 6 \cdot 7 + 2 = 3719. \end{aligned}$$

Zu einem formalisierbaren Schema gelangen wir, wenn wir sukzessive aus den jeweils ersten Summen den Faktor 7 ausklammern:

$$\begin{aligned} 13562_{(7)} &= (1 \cdot 7^3 + 3 \cdot 7^2 + 5 \cdot 7 + 6) \cdot 7 + 2 \\ &= ([1 \cdot 7^2 + 3 \cdot 7 + 5] \cdot 7 + 6) \cdot 7 + 2 \\ &= ([(1 \cdot 7 + 3) \cdot 7 + 5] \cdot 7 + 6) \cdot 7 + 2. \end{aligned}$$

Lösen wir die Klammern von innen her auf, so wird

$$\begin{aligned} 13562_{(7)} &= ([10 \cdot 7 + 5] \cdot 7 + 6) \cdot 7 + 2 \\ &= (75 \cdot 7 + 6) \cdot 7 + 2 = 3717 + 2 = 3719. \end{aligned}$$

Allgemein erhalten wir für eine fünfstellige Zahl zur Basis b

$$c_4 c_3 c_2 c_1 c_{0(b)} = ([(c_4 \cdot b + c_3) \cdot b + c_2] \cdot b + c_1) \cdot b + c_0.$$

Daraus leiten wir das Schema (2.5) ab (in der Klammer im Kopf steht dabei die Summe der eingekästelten Zahlen)

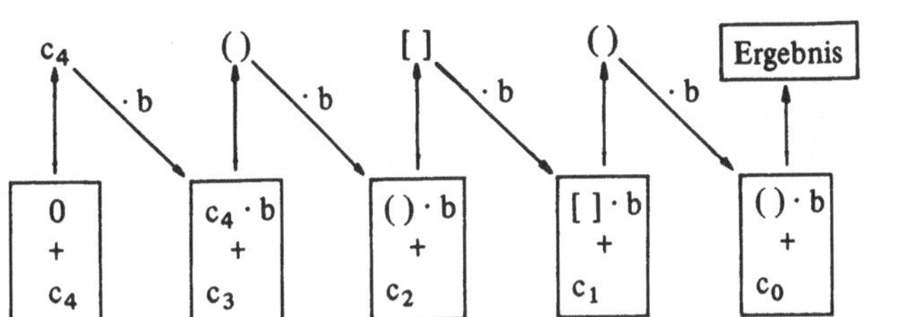

(2.5) **A**

das im Sonderfall $13562_{(7)}$ so aussieht

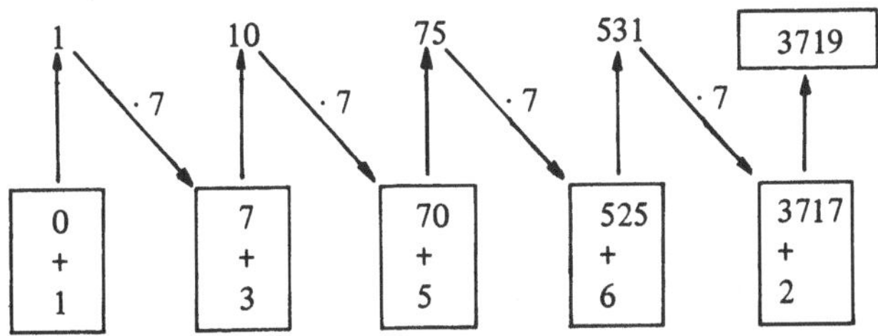

Aus dem Schema (2.5) lesen wir nun auch sofort ab, wie die Umwandlung einer Dezimalzahl in eine Systemzahl zur Basis $b \neq 10$ auszusehen hat. Wir beginnen jetzt nur mit der letzten, rechten Spalte und arbeiten das Schema nach links auf. Es ist aber einfacher, die Spalten jetzt waagerecht zu schreiben. Dies werden wir zunächst an dem aufgeschriebenen Beispiel zurückverfolgen. Wir erhalten

$$\begin{aligned} 3719 &= 531 \cdot 7 + 2 \\ 531 &= 75 \cdot 7 + 6 \\ 75 &= 10 \cdot 7 + 5 \\ 10 &= 1 \cdot 7 + 3 \\ 1 &= 0 \cdot 7 + 1 \end{aligned} \tag{2.6}$$

oder allgemein bei einer n-stelligen Zahl $q_0 = z_n z_{n-1} \ldots z_2 z_1 z_0$ zur Basis 10:

$$\begin{array}{ll} q_0 = q_1 \cdot b + c_0 & 0 \leqslant c_0 < b \\ q_1 = q_2 \cdot b + c_1 & 0 \leqslant c_1 < b \\ q_2 = q_3 \cdot b + c_2 & 0 \leqslant c_2 < b \\ q_3 & \\ \vdots & \\ q_{m-1} = q_m \cdot b + c_{m-1} & 0 \leqslant c_{m-1} < b \\ q_m \quad = 0 \cdot b + c_m & 0 < c_m = q_m < b \end{array} \tag{2.7}$$

Das Ergebnis lautet dann $z_n z_{n-1} \ldots z_2 z_1 z_0 = c_m c_{m-1} \ldots c_1 c_{0\,(b)}$.

A Das Schema (2.7) ist uns aber wohlvertraut, wir haben hier den Darstellungssatz (1.6) in jeder Zeile angewendet, wobei wir jedesmal den Vervielfacher von b nach b weiterzerlegt haben. Wegen $b \geqslant 2$ ist $q_{i+1} < q_i$, das Verfahren bricht ab, wenn $q_m < b$ geworden ist. Jede Zeile entsteht eindeutig aus der vorhergehenden; die Reste, die jetzt die Ziffern c_i bilden, sind zeilenweise eindeutig bestimmt. Die Tatsache, daß die Reste c_i die Ziffern des zu q_0 gleichwertigen Systembruchs bilden, leuchtet ein, wenn wir die q_i zeilenweise durch den darunterstehenden Term ersetzen. Wir fangen dabei bei der vorletzten Zeile an und bekommen

$$
\begin{aligned}
q_{m-1} &= c_m \cdot b + c_{m-1} \\
q_{m-2} &= (c_m \cdot b + c_{m-1}) \cdot b + c_{m-2} = c_m b^2 + c_{m-1} b + c_{m-2} \\
&\vdots \\
q_1 &= c_m b^{m-1} + c_{m-1} b^{m-2} + \ldots + c_1 \\
q_0 &= c_m b^m + c_{m-1} b^{m-1} + \ldots + c_1 b^1 + c_0 b^0,
\end{aligned}
$$

und das ist genau die verlangte Darstellung für q_0. Der Darstellungssatz (1.6) hat uns also den Beweis des folgenden grundlegenden Satzes geliefert.

Satz 2.1 Jede natürliche Zahl läßt sich eindeutig in der Form (2.4) als Systemzahl zur Basis $b \in \mathbf{N}$, $b \geqslant 2$ schreiben, falls die Vielfachen c_i die Bedingung $0 \leqslant c_i < b$ erfüllen.

Natürlich können wir (2.7) auch benutzen, um die m+1-stellige Zahl $c_m c_{m-1} c_{m-2} \ldots c_2 c_1 c_{0\,(b)}$ in ihre Dezimalzahl zurückzuverwandeln. Wir gewinnen sukzessive die Zeilen von unten, wobei wir zunächst die m + 1 Ziffern von oben nach unten, beginnend mit c_m, hinschreiben.

Jedes errechnete q_i liefert, nachdem es mit b multipliziert wurde, den ersten Posten des rechten Terms, da der 2. Posten c_i aber bekannt ist, läßt sich die linke Seite, d. h. q_{i-1}, durch Addition im Dezimalsystem errechnen.

Wir berechnen so die Dezimalzahl zu $13562_{(8)}$. Wir beginnen mit dem Hinschreiben der Reste (obere Zeile). In der folgenden Zeile ergänzen wir

$$
\begin{array}{lllll}
\cdot 8 + 1 = & \cdot 8 + 3 = & \cdot 8 + 5 = & \cdot 8 + 6 = & \cdot 8 + 2 = \\
0 \cdot 8 + 1 = 1 & 1 \cdot 8 + 3 = 11 & 11 \cdot 8 + 5 = 93 & 93 \cdot 8 + 6 = 780 & 780 \cdot 8 + 2 = 6242.
\end{array}
$$

In einem vereinfachten Schema schreiben wir die Reste übereinander

$$
\begin{array}{ll}
\cdot 8 + 2 = & 780 \cdot 8 + 2 = 6242 \\
\cdot 8 + 6 = & 93 \cdot 8 + 6 = 780 \\
\cdot 8 + 5 = & 11 \cdot 8 + 5 = 93 \\
\cdot 8 + 3 = \uparrow & 1 \cdot 8 + 3 = 11 \\
\cdot 8 + 1 = & 0 \cdot 8 + 1 = 1
\end{array}
\qquad (2.8)
$$

und ergänzen zunächst die untere Zeile, mit ihrer Hilfe die zweite und so weiter, wie in (2.8). Dort wurden zur Verdeutlichung die Schritte getrennt.

Aufgabe 2.3 a) Die folgenden Systemzahlen sind auf die Langform (2.4) umzuschreiben **A**
und durch Berechnen der Summanden als Dezimalzahlen zu schreiben: $10111_{(2)}$, $321020_{(4)}$, $34043_{(5)}$, $3164_{(7)}$.

b) Ihre Dezimalzahl ist mit Hilfe des Schemas (2.5) zu berechnen.

c) Ihre Dezimalzahl ist wie im Schema (2.8) zu bestimmen.

Aufgabe 2.4 Die Dezimalzahl 5984 ist mit Hilfe des Schemas (2.7) als Systemzahl zur Basis 2, 3, 6, 8 und 9 hinzuschreiben.

2.2 Dezimalbrüche

Wir wenden uns jetzt einer Fragestellung zu, die scheinbar nichts mit der Zahlentheorie zu tun hat, da diese sich nicht mit Brüchen, sondern mit natürlichen bzw. ganzen Zahlen beschäftigt. Wir werden aber sehen, daß bei der Entwicklung eines Bruches in einen Dezimalbruch eine Reihe interessanter zahlentheoretischer Probleme auftaucht, die sich auch mit relativ einfachen Mitteln lösen lassen. Zunächst wollen wir sehen, auf welche Vermutungen wir stoßen, wenn wir einen durchgekürzten Bruch in einen Dezimalbruch verwandeln.

Beispiel 2.1 Wir wenden das uns von der Schule her bekannte Verfahren an, um den Dezimalbruch von $\frac{3}{7}$ zu bekommen.

```
3 : 7 = 0,428571 42 . . .
0
‾‾
30          40          30
28         ↗35         ↗28
‾‾          ‾‾          ‾‾
 20     /    50     /    20
 14    /     49    /      :
 ‾‾   /      ‾‾   /
  60 /        10 /
  56/          7/
  ‾‾           ‾
   40          30
```

Wenn wir das angewendete Divisionsverfahren betrachten, erkennen wir, daß in jedem Schritt wieder einmal der als Beweismittel ausgesprochen wirksame Darstellungssatz (Satz 1.6) herangezogen wird; denn aufgelöst lautet das angewendete Verfahren

$$
\begin{aligned}
3 &= 0 \cdot 7 + 3\\
30 &= 4 \cdot 7 + 2\\
20 &= 2 \cdot 7 + 6\\
60 &= 8 \cdot 7 + 4\\
40 &= 5 \cdot 7 + 5\\
50 &= 7 \cdot 7 + 1\\
10 &= 1 \cdot 7 + 3\\
30 &= \ldots
\end{aligned}
\qquad (2.9)
$$

A Es werden die jeweils mit 10 multiplizierten Reste nach 7 zerlegt. Wir notieren die folgenden Beobachtungen:

1. Der Prozeß wird periodisch, da nach $7 - 1 = 6$ Schritten der Rest 3, mit dem wir in das Verfahren eingestiegen sind, wieder auftaucht.

Dies wird aber stets so sein, da als Reste lediglich Zahlen auftreten, die kleiner als der Nenner sind. Irgendeiner der Reste wird also nach spätestens soviel Schritten wieder auftauchen, wie der Nenner angibt.

2. Die in (2.9) auftretenden Vielfachen von 7, d. h. der Reihe nach 4, 2, 8, 5, 7, 1 | 4 . . . , liefern die Ziffern des Dezimalbruchs. Wir sehen, daß sich je 2 von ihnen zu 9 ergänzen:

$$4 + 5 = 2 + 7 = 8 + 1 = 9$$

3. Die Reste, der Reihe nach 3, 2, 6, 4, 5, 1, ergänzen sich paarweise zu 7, nämlich $3 + 4 = 2 + 5 = 6 + 1 = 7$.

4. Bilden wir der Reihe nach $\frac{1}{7}, \frac{2}{7}, \ldots, \frac{6}{7}$, so finden wir

$$\frac{1}{7} = 0{,}142857|1\ldots \qquad \frac{4}{7} = 0{,}571428|5\ldots$$

$$\frac{2}{7} = 0{,}285714|2\ldots \qquad \frac{5}{7} = 0{,}714285|7\ldots$$

$$\frac{3}{7} = 0{,}428571|4\ldots \qquad \frac{6}{7} = 0{,}857142|8\ldots$$

d. h., die Ziffern verschieben sich lediglich, ohne ihre Reihenfolge zu verändern.

Beispiel 2.2 Die entsprechenden Beobachtungen machen wir etwa bei

$$\frac{5}{19} = 0{,}\underbrace{2631578947}368421 05|2\ldots$$

1. Der Prozeß wiederholt sich nach $18 = 19 - 1$ Schritten.

2. Hier können wir den Haken, der 2 und 7 verbindet, schrittweise nach rechts schieben und jedesmal finden wir 2 Ziffern mit der Summe 9.

3. Die Reste sind der Reihe nach

$$\underbrace{5, 12, 6, 3, 11, 15, 17, 18, 9, 14}, 7, 13, 16, 8, 4, 2, 1, 10, |5\ldots$$

Auch hier liefern 2 Reste mit dem Abstand 9 den Nenner 19.

4. $\frac{1}{19}, \frac{2}{19}, \ldots, \frac{18}{19}$ liefern dieselbe Reihenfolge der Ziffern und der Reste, allerdings jeweils verschoben.

Beispiel 2.3 $\frac{5}{13} = 0{,}384615|3\ldots$ mit den Resten 5, 11, 6, 8, 2, 7.

1. Im Gegensatz zu den beiden ersten Beispielen bekommen wir nicht die Periodenlänge $13 - 1 = 12$, die Periode beginnt vielmehr bereits nach $\frac{13-1}{2} = 6$ Schritten.

A

2. Aber auch hier ergänzen sich Ziffern paarweise zu 9 und
3. Reste ergänzen sich paarweise zu 13 (5 + 8 = 11 + 2 = 6 + 7).
4. Wählen wir einen der 6 Reste als Zähler, bilden wir also z. B. $\frac{11}{13}$, so bleibt die Reihenfolge in der Folge der Ziffern als auch die der Restefolge erhalten, es tritt lediglich eine Verschiebung auf.

Zur Ergänzung wählen wir einen Zähler, der unter den bisher aufgetretenen Resten noch nicht auftauchte, z. B. 4, dann erhalten wir

$$\frac{4}{13} = 0{,}307692|3\ldots \quad \text{und die Reste} \quad 4, 1, 10, 9, 12, 3, |4\ldots$$

Die möglichen 12 Reste zerfallen also in 2 Klassen von je 6 Resten, zu jeder Klasse gehört eine andere Ziffernfolge, in der wir die Eigenschaften 2. bis 4. wiederfinden.

Beispiel 2.4 Wir wählen den Nenner 39. Hier finden wir von den 38 möglichen Resten nur insgesamt 24 wieder, die aber ihrerseits in 4 Klassen von je 6 Resten zerfallen:

$$\frac{1}{39} = 0{,}025641|0\ldots \qquad \text{Reste:} \quad 1, 10, 22, 25, 16, 4, |1\ldots$$

$$\frac{2}{39} = 0{,}051282|0\ldots \qquad \text{Reste:} \quad 2, 20, 5, 11, 32, 8, |2\ldots$$

$$\frac{7}{39} = 0{,}179487|1\ldots \qquad \text{Reste:} \quad 31, 37, 19, 34, 28, 7, |31\ldots$$

$$\frac{14}{39} = 0{,}358974|3\ldots \qquad \text{Reste:} \quad 23, 35, 38, 29, 17, 14, |23\ldots$$

Zunächst fragen wir, warum insgesamt nur 24 Reste auftreten. Die Antwort lautet natürlich, weil es nur 24 Zahlen in $\{1, 2, 3, \ldots, 39\}$ gibt, die zu 39 teilerfremd sind.

Im Zähler $\frac{x}{39}$ können nur zu 39 teilerfremde Zahlen auftreten, weil wir sonst durchkürzen könnten. Nicht teilerfremd sind Zahlen, die dem Einmaldrei oder dem Einmaldreizehn angehören. Davon gibt es 14, die kleiner als 39 sind, bleiben 24 teilerfremde.

Anstelle der unter 2. aufgeschriebenen Beobachtung finden wir hier die schwächere, nämlich: Die Summe aller 6 Ziffern ist jedesmal durch 9 teilbar.

Auch die unter 3. aufgeschriebene müssen wir abschwächen, sie lautet hier: Die Summe aller 6 Reste ist jedesmal durch 39 teilbar. Die zyklische Verschiebung innerhalb der Ziffern einer Periode bleibt erhalten, wenn wir einen der Reste der Gruppe als Zähler wählen.

Als 5. Beobachtung notieren wir, daß die Periodenlänge allein vom Nenner und nicht vom Zähler abhängt. Sie ist, so scheint es, ein Teiler der Anzahl der zum Nenner teilerfremden Zahlen, die kleiner als der Nenner sind.

Aufgabe 2.5 Verifizieren bzw. falsifizieren Sie die aufgeschriebenen Vermutungen für den Nenner 21.

B 2.3 Der Divisionsalgorithmus

Um die im vorhergehenden Abschnitt aufgeworfenen Fragen sicher beantworten zu können, sehen wir uns das Divisionsverfahren etwas genauer an, das wir unter (2.5) praktiziert haben.

Wir gehen von einem Bruch $\frac{m}{n}$ aus, von dem wir 2 Eigenschaften voraussetzen: Es soll gelten

$$1.\ m < n \quad \text{und} \quad 2.\ (m, n) = 1.$$

Die Forderung 1. bedeutet, daß wir uns bei einem beliebig vorgegebenen Bruch nicht für den ganzzahligen Bestandteil interessieren und 2. bedeutet, daß unsere Überlegungen erst dann einsetzen, wenn der gegebene Bruch vollständig durchgekürzt ist.

In (2.5) haben wir stets die von Schritt zu Schritt neu auftretenden Reste mit 10 multipliziert. Das liefert uns von dem aufzustellenden Algorithmus nur einen Teil. Das fortgesetzte Malnehmen mit 10 führt nach k Schritten dazu, daß die Zahl $10^k \cdot m$ mit Hilfe des Zerlegungssatzes (1.6) nach n zerlegt wird. Wir finden

$$10^k \cdot m = Z_k \cdot n + r_k \quad \text{mit } 0 \leqslant r_k < n.$$

Daraus lesen wir ab, daß $\frac{m}{n}$ durch einen Zehnerbruch und ein Fehlerglied umgeschrieben wird:

$$\frac{m}{n} = \frac{Z_k}{10^k} + \frac{r_k}{n \cdot 10^k}. \tag{2.10}$$

Wegen $r_k < n$, d. h. $\frac{r_k}{n} < 1$ gilt für den Fehlerterm

$$\frac{r_k}{n \cdot 10^k} < \frac{1}{10^k}, \tag{2.11}$$

und das bedeutet, daß $\frac{Z_k}{10^k}$ den Bruch $\frac{m}{n}$ mit wachsendem k immer besser annähert.

Da $\frac{m}{n} < 1$, gilt erst recht $\frac{Z_k}{10^k} < 1$, d. h. $Z_k < 10^k$; Z_k ist eine Zahl aus maximal k Ziffern. Wir schreiben sie in der Form $Z_k = z_1 z_2 \ldots z_k$ mit den Ziffern $z_i \in \{0, 1, \ldots, 9\}$. Es wird also

$$\frac{m}{n} = 0, z_1 z_2 \ldots z_k + \frac{r_k}{n \cdot 10^k}.$$

Unser Algorithmus (s. Tab. 2.3) leitet nun aus der im k-ten Schritt gewonnenen Zerlegung

$$10^k\, m = z_1 z_2 \ldots z_k \cdot n + r_k \quad \text{mit} \quad \begin{cases} 0 \leqslant z_k < 9, \\ 0 \leqslant r_k < n, \end{cases} \tag{2.12}$$

Tab. 2.3 Divisionsalgorithmus

Zeile	I			II			III			IV		
0							$10^0 \cdot m = 0 \cdot n$	$+ m$	mit	$0 \leqslant r_0 = m < n$		
			·10									
1	$10^1 \cdot m = 0 \cdot n$	$+ 10\,m$	und	$10\,m = z_1 \cdot n$	$+ r_1$	⇒	$10^1 \cdot m = z_1 \cdot n$	$+ r_1$	mit	$0 \leqslant r_1 < n$	und	$0 \leqslant z_1 < 10$
			·10									
2	$10^2 \cdot m = z_1 0 \cdot n$	$+ 10\,r_1$	und	$10\,r_1 = z_2 \cdot n$	$+ r_2$	⇒	$10^2 \cdot m = z_1 z_2 \cdot n$	$+ r_2$	mit	$0 \leqslant r_2 < n$	und	$0 \leqslant z_2 < 10$
			·10									
3	$10^3 \cdot m = z_1 z_2 0 \cdot n$	$+ 10\,r_2$	und	$10\,r_2 = z_3 \cdot n$	$+ r_3$	⇒	$10^3 \cdot m = z_1 z_2 z_3 \cdot n$	$+ r_3$	mit	$0 \leqslant r_3 < n$	und	$0 \leqslant z_3 < 10$
i				$10\,r_{i-1} = z_i \cdot n$	$+ r_i$							
k	$10^k \cdot m = z_1 z_2 \ldots z_{k-1} 0 \cdot n$	$+ 10\,r_{k-1}$	und	$10\,r_{k-1} = z_k \cdot n$	$+ r_k$	⇒	$10^k \cdot m = z_1 z_2 \ldots z_k \cdot n$	$+ r_k$	mit	$0 \leqslant r_k < n$	und	$0 \leqslant z_k < 10$
			·10									
k + 1	$10^{k+1} \cdot m = z_1 z_2 \ldots z_k 0 \cdot n$	$+ 10\,r_k$	und	$10\,r_k = z_{k+1} \cdot n$	$+ r_{k+1}$	⇒	$10^{k+1} \cdot m = z_1 z_2 \ldots z_k z_{k+1} \cdot n$	$+ r_{k+1}$	mit	$0 \leqslant r_{k+1} < n$	und	$0 \leqslant z_{k+1} < 10$

B

B die in der Spalte III, Zeile k (kurz in III, k) zu finden ist, die Zerlegung von $10^{k+1} \cdot m$ ab, d. h., sie liefert uns die neue Ziffer z_{k+1} und den neuen Rest r_{k+1}.

Das geschieht schrittweise. Zunächst multiplizieren wir die beiden Seiten der Gleichung (2.12) mit 10 und erhalten (im Algorithmus Zeile k + 1, Spalte I) die Gleichung

$$10^{k+1} \cdot m = z_1 z_2 \ldots z_k 0 \cdot m + 10\, r_k.$$

Dabei beachten wir, daß beim Multiplizieren einer vorgegebenen Ziffernfolge mit 10 einfach eine 0 angehängt wird (z. B. 743 · 10 = 7430). Um die endgültige Zerlegung von $10^{k+1} \cdot m$ nach n zu erhalten, müssen wir noch $10\, r_k$ nach n zerlegen. Das geschieht in der Spalte II dieser Zeile:

$$10\, r_k = z_{k+1} \cdot n + r_{k+1}.$$

Aus $r_k < n$ folgt $10 \cdot r_k < 10 \cdot n$; für z_{k+1} gilt also die Ungleichung $0 \leqslant z_{k+1} < 10$. Außerdem gilt natürlich $0 \leqslant r_{k+1} < n$. In der Spalte IV sind diese beiden wichtigen Ungleichungen gesammelt.

Die Gleichung der Spalte III kann man als den wichtigsten Bestandteil der Zeile mit der Nummer k + 1 auffassen. Hier werden die in den Spalten I und II aufgeführten Gleichungen zur Zerfällung von $10^{k+1} \cdot m$ zusammengefaßt. Dazu bilden wir insbesondere die Summe

$$z_1 z_2 \ldots z_k 0 \cdot n + z_{k+1} \cdot n = z_1 z_2 \ldots z_k z_{k+1} \cdot n$$

(wie im Beispiel: 7430 + 6 = 7436).

Der Algorithmus wird also rekursiv definiert. Er beginnt mit

$$10^0 \cdot m = 0 \cdot n + m \quad \text{mit } 0 < m = r_0 < n$$

in Spalte III der Zeile 0. In der Zeile 1 sind damit bereits alle Spalten besetzt. Insbesondere gewinnen wir die neue Spalte III

$$10^1 \cdot m = z_1 \cdot n + r_1 \quad \text{mit } 0 \leqslant z_1 < 10 \quad \text{und} \quad 0 \leqslant r_1 < n,$$

von der aus die beschriebene Rekursion beginnt, die aus der Gleichung in Spalte III der Zeile k (k = 1, 2, 3, . . .) die vollständige Zeile k + 1 ableitet.

Dieser Divisionsalgorithmus bestimmt nach dem Darstellungssatz die jeweils neuen Ziffern z_i und Reste r_i eindeutig. Er läßt sich außerdem völlig analog für jede von 10 verschiedene Basis $b \in \mathbf{N}$ durchführen. Wegen der eingehenden Erläuterung für den Sonderfall b = 10 erübrigt sich eine vollständige Aufschreibung. Wir haben nichts anderes zu tun, als die Basis 10 durchweg durch b zu ersetzen. Damit gewinnen wir eine wichtige Ergänzung zu Satz 2.1:

Satz 2.2 Jeder echte Bruch $\frac{m}{n}$ läßt sich eindeutig in einen Systembruch zur Basis b

$$\frac{m}{n} = 0, z_1 z_2 \ldots z_k + \frac{r_k}{n \cdot b^k} \quad \text{mit } 0 \leqslant r_k < n,\ 0 \leqslant z_i < b$$

entwickeln, wobei wir die Ziffern z_k und Reste r_k sukzessiv mit Hilfe des Darstellungssatzes bestimmen werden:

$$
\begin{array}{lll}
\text{aus} & b r_{k-1} = z_k \cdot n + r_k & \text{(a)} \\
\text{mit} & 0 \leqslant r_k < n \quad \text{und} \quad 0 \leqslant z_k < z & \text{(b)} \\
\text{zu} & b^k \cdot m = z_1 z_2 \ldots z_k \cdot n + r_k = Z_k \cdot n + r_k, & \text{(c)} \\
\text{d. h.} & \frac{m}{n} = \frac{z_1 z_2 \ldots z_k}{b^k} + \frac{r_k}{n} \cdot \frac{1}{b^k} = 0, z_1 z_2 \ldots z_k + \frac{r_k}{n} \cdot \frac{1}{b^k}. &
\end{array}
\qquad (2.13)
$$

B e m e r k u n g 2.1. Jede positive rationale Zahl r läßt sich additiv in eine natürliche Zahl und einen echten Bruch zerlegen. Satz 2.1 und 2.2 garantieren die Darstellbarkeit beider Bestandteile, so daß insgesamt

$$r = c_m c_{m-1} \ldots c_1 c_0, z_1 z_2 z_3 \ldots z_{k\,(b)} + \frac{r_k}{n_{(b)}} \cdot \frac{1}{b^k}$$

mit $0 \leqslant c_i, z_i < b$ und $0 \leqslant r_k < n$.

Der Unterschied zwischen r und dem angegebenen Systembruch ist wegen $r_k < n$ selbst kleiner als $\frac{1}{b^k}$ – er kann durch eine genügend hohe Stellenzahl k beliebig klein gemacht werden, da $\frac{1}{b^k}$ wachsendem k gegen Null strebt.

2.4 Folgerungen aus dem Divisionsalgorithmus

Die folgenden Sätze werden wir stets für beliebige Basen $b \geqslant 2$ formulieren. Die Beweise werden dabei immer wieder auf (2.13) zurückgreifen müssen.

Zuerst stellen wir uns die Frage, ob es vorkommen kann, daß in der Systembruchentwicklung von $\frac{m}{n}$, $(m, n) = 1$, von einer Stelle k an alle folgenden Ziffern verschwinden, daß also

$$\frac{m}{n} = 0, z_1 z_2 \ldots z_{k\,(b)}.$$

Wir sagen, der Systembruch bricht nach k Stellen ab, wenn $z_k > 0$ aber $z_i = 0$ ist für alle $i > k$. Diese Frage wird durch den folgenden Satz vollständig geklärt.

Satz 2.3 Der Systembruch zur Basis b für $\frac{m}{n}$ mit $(m, n) = 1$ bricht nach k Stellen ab, wenn für dieses k gilt

$$n \nmid b, n \nmid b^2, \ldots, n \nmid b^{k-1} \quad \text{aber} \quad n \mid b^k.$$

B e w e i s. Der Beweis stützt sich auf die Äquivalenz

$$r_k = 0 \text{ genau dann, wenn } n \mid b^k, \qquad (2.14)$$

die wir zuerst beweisen wollen.

B 1. $r_k = 0 \Rightarrow n | b^k$. Aus Zeile (2.13c) folgt aus $r_k = 0$, daß $b^k \cdot m = Z_k \cdot n$, d. h., daß $n | b^k \cdot m$. Da wir $(m, n) = 1$ voraussetzen, garantiert Satz 1.13, daß dann $n | b^k$.

2. $n | b^k \Rightarrow r_k = 0$. Wenn n b^k teilt, so gilt erst recht $n | b^k \cdot m$. Da $b^k \cdot m = z_k \cdot n + r_k$, folgt $n | z_k \cdot n + r_k$. Das aber ist wegen $0 \leqslant r_k < n$ nur für $r_k = 0$ möglich.

Die bewiesene Äquivalenz garantiert aber auch, daß $r_i \neq 0$, so lange n die Potenz b^i nicht teilt.

Wir bilden also die Folge der Potenzen $b^1, b^2, b^3, \ldots$ und bestimmen – falls es derartige Potenzen überhaupt gibt – die erste, die Vielfaches von n ist, für die also als erste $n | b^k$ gilt. Für dieses k – und natürlich alle folgenden, da $b^{k+j} = b^j \cdot b^k$, also $n | b^k \Rightarrow n | b^{k+j}$ folgt – gilt $0 = r_k = r_{k+1} = r_{k+2} = \ldots$, während $r_0 = m, r_1, \ldots r_{k-1}$ sämtlich $\neq 0$.

Ersetzen wir aber in der Zeile (2.13a) $k - 1$ durch k, so folgt $b r_k = z_{k+1} \cdot n + r_{k+1}$ und wir sehen, daß $0 = r_k = r_{k+1}$ zur Folge hat, daß auch z_{k+1} verschwindet. Entsprechend folgt $z_{k+2} = 0$ aus $0 = r_{k+1} = r_{k+2}$ usw. Die Systembruchentwicklung bricht nach k Stellen ab.

B e m e r k u n g 2.2. Im Sonderfall $b = 10$ bricht also die Dezimalbruchentwicklung von $\frac{m}{n}$ ($(m, n) = 1$) genau dann ab, wenn in der Primzahlzerlegung des Nenners ausschließlich die Primzahlen 2 und 5 auftreten. Ist z. B. $n = 2^7 \cdot 5^9$, so hat die Dezimalbruchentwicklung genau 9 Stellen, da 9 der erste Exponent ist, für den $n | 10^9$ gilt. Ist allgemein $n = 2^r \cdot 5^s$, so hat der Dezimalbruch für $\frac{m}{n}$ (unabhängig davon, wie der Zähler m aussieht, wenn nur $(m, n) = 1$ gilt) k Stellen, wobei $k = \max(r, s)$.

Da abbrechende Entwicklungen uninteressant sind, werden wir von jetzt ab $(b, n) = 1$ voraussetzen.

Satz 2.4 Sind b und n teilerfremd, so wird in der Entwicklung $b^k \cdot m = z_1 z_2 \ldots z_k \cdot n + r_n$ die Folge der Ziffern und die Folge der Reste periodisch. Die Periode beginnt unmittelbar hinter dem Komma. In Beispiel 2.1 ist die Periodenlänge $\lambda = 6$. Die Folge der Reste lautete 3, 2, 6, 4, 5, 1,|3, 2, 6, ..., die der Ziffern 4, 2, 8, 5, 7, 1,|4, 2, 8, ...

B e w e i s. Im 1. Schritt machen wir uns klar, daß es unter den n ersten Resten $r_0 = m, r_1, \ldots, r_{n-1}$ notwendig zwei gleiche geben muß. Nachdem wir durch die Forderung $(n, b) = 1$ den Rest 0 ausgeschlossen haben, kommen als Reste allein die ersten $n - 1$ Zahlen in Frage, da alle Reste kleiner als n sind.

Es gibt also weniger zulässige Werte (nämlich $n - 1$) als Reste (das sollten n sein). Daher müssen mindestens zwei dieser ersten n Reste übereinstimmen. Wir nennen sie in der Reihenfolge des Auftretens r_i und r_k und setzen $k - i = \lambda$, wenn alle Reste zwischen r_i und r_k von r_i verschieden sind. Im 2. Schritt zeigen wir, daß aus der Übereinstimmung von r_i und r_k folgt, daß bereits ihre jeweiligen Vorgänger r_{i-1} und r_{k-1} übereinstimmen mußten. Dazu schreiben wir uns die zugehörigen Zeilen (2.13a) auf:

$$b r_{k-1} = z_k \cdot n + r_k$$
$$\underline{b r_{i-1} = z_i \cdot n + r_i}$$

also $b(r_{k-1} - r_{i-1}) = n(z_k \quad z_i)$, d. h. $n | b \cdot (r_{k-1} - r_{i-1})$.

Da (n, b) = 1 vorausgesetzt ist, folgt aus Satz 1.13 $n | r_{k-1} - r_{i-1}$. Die Differenz **B** $r_{k-1} - r_{i-1}$ liegt wegen $0 \leqslant r_i < n$ für alle i im Innern des Intervalles $< -(n-1), +(n-1) >$, in dem aber allein die Null ein Vielfaches von n ist. Also muß $r_{k-1} - r_{i-1} = 0$ sein. Da wir diesen Schluß wiederholt gebrauchen, notieren wir uns:

$$\text{Für alle } p, q : n | r_p - r_q \Rightarrow r_p = r_q. \tag{2.15}$$

Übrigens folgt aus $r_{k-1} - r_{i-1} = 0$, daß auch $z_k - z_i = 0$ ist, so daß wir weiter aufschreiben können

$$r_i = r_k \Rightarrow r_{i-1} = r_{k-1} \quad \text{und} \quad z_i = z_k.$$

Eine analoge Überlegung liefert

$$r_{i-1} = r_{k-1} \Rightarrow r_{i-2} = r_{k-2} \quad \text{und} \quad z_{i-1} = z_{k-1},$$

und nach i − 1 Schritten gewinnen wir mit $k - i = \lambda$

$$r_1 = r_{\lambda+1} \Rightarrow r_0 = r_\lambda \quad \text{und} \quad z_1 = z_{\lambda+1}.$$

Nachdem wir im 2. Schritt die Gleichheit $r_0 = r_\lambda$ für ein passendes λ mit $1 \leqslant \lambda < n$ nachgewiesen haben, wollen wir induktiv die Gültigkeit der Aussage

$$A(i) : r_i = r_{\lambda+i} \quad \text{und} \quad z_i = z_{\lambda+i}$$

nachweisen, d. h., daß sich stets nach λ Schritten Reste und Ziffern wiederholen. Wir benutzen wieder (2.13a). Für k = 1 bzw. $k = \lambda + 1$ erhalten wir wegen $r_i = r_\lambda$

$$b r_0 = z_1 \cdot n + r_1 = b r_\lambda = z_{\lambda+1} \cdot n + r_{\lambda+1},$$

d. h. $n \cdot (z_1 - z_{\lambda+1}) = r_{\lambda+1} - r_1$, also $n | r_{\lambda+1} - r_1$.
Nach (2.15) folgt zunächst $r_1 = r_{\lambda+1}$ und daraus unmittelbar $z_1 = z_{\lambda+1}$. Dies ist die Aussage A(i) für i = 1.
Jetzt müssen wir $A(i) \rightarrow A(i+1)$ zeigen. Dazu setzen wir in (2.13a) für k zuerst i, dann $\lambda + i$. Wegen der Induktionsvoraussetzung A(i) ist $r_{i-1} = r_{\lambda+i-1}$ und daher

$$b r_{i-1} = z_i \cdot n + r_i = b r_{i+\lambda-1} = z_{i+\lambda} \cdot n + r_{i+\lambda},$$

d. h. $n(z_i - z_{i+\lambda}) = r_{i+\lambda} - r_i \Rightarrow r_{i+\lambda} = r_i$ nach (2.15), und daraus wieder folgt $z_i = z_{i+\lambda}$.

Bemerkung 2.3. Einen *periodischen Systembereich* schreibt man

$$0, \overline{z_1 z_2 \ldots z_\lambda}.$$

In den folgenden Untersuchungen beschäftigen wir uns mit Aussagen über die Periodenlänge λ. Wir beweisen zuerst

Satz 2.5 Die Periodenlänge λ ist die kleinste Potenz, für die gilt $n | b^\lambda - 1$.

Beweis. Setzen wir in (2.13c) für $k = \lambda$, so folgt

$$b^\lambda \cdot m = z_1 z_2 \ldots z_\lambda \cdot n + r_\lambda.$$

B Hier ist aber r_λ der erste auf $r_0 = m$ folgende Rest, für den $r_\lambda = r_0$ gilt. Subtrahieren wir $r_\lambda = m$ auf beiden Seiten, so folgt

$$(b^\lambda - 1) \cdot m = z_1 z_2 \ldots z_\lambda \cdot n \qquad (2.16)$$

d. h. $n | (b^\lambda - 1) \cdot m$ und daraus folgt $n | b^\lambda - 1$ wegen Satz 1.13.
Unmittelbar aus Satz 2.5 folgt

Satz 2.6 Die Periodenlänge λ in der Systembruchentwicklung des durchgekürzten Bruches $\frac{m}{n}$ ist allein vom Nenner n und der Basis b abhängig. Insbesondere ist sie also vom Zähler m unabhängig.

Wir können jetzt die Beobachtungen im Zusammenhang mit Beispiel 2.1 bis 2.4 klären.

Aufgabe 2.6 a) Ist λ gerade, so können wir $\lambda = 2q$ setzen. Gilt $r_0 + r_q = n$, so muß notwendig für alle Nachfolgerpaare $r_1 + r_{q+1}, r_2 + r_{q+2}, \ldots$ gelten, daß sie die Summe n haben. Außerdem gilt $z_1 + z_k = z_2 + z_{k+1} = \ldots = b - 1$.
b) Setzen wir $r_1 + r_2 + \ldots + r_\lambda = R$ und $z_1 + z_2 + \ldots + z_\lambda = Z$, so gilt stets $(b - 1) \cdot R = Z \cdot n$. Ist also zusätzlich zu $(b, n) = 1$ auch noch $(b - 1, n) = 1$, so folgt $n | R$ und $b - 1 | Z$.

Satz 2.7 Ist $z_1 z_2 \ldots z_\lambda$ die Periode bei der Entwicklung des durchgekürzten Bruches $\frac{m}{n}$ in einem Systembruch zur Basis b, so gilt: $\frac{m}{n}$ läßt sich so erweitern, daß

$$\frac{m}{n} = \frac{z_1 z_2 z_3 \ldots z_\lambda}{b-1\, b-1\, b-1 \ldots b-1}$$

gilt, wobei Zähler und Nenner Systemzahlen zur Basis b sind, im Nenner tritt λ-mal die Ziffer $b - 1$ auf.

B e w e i s. Durch Umformen von (2.16) folgt

$$\frac{m}{n} = \frac{z_1 z_2 \ldots z_\lambda}{b^\lambda - 1}.$$

Der Zähler hat bereits die richtige Form. Für die Umwandlung des Nenners beweisen wir

$$\begin{aligned} b^\lambda - 1 &= (b-1)(b^0 + b^1 + \ldots + b^{\lambda-1}) \qquad (2.17)\\ &= (b-1)\, b^{\lambda-1} + (b-1)\, b^{\lambda-2} + \ldots + (b-1)\, b^1 + (b-1)\, b^0. \end{aligned}$$

Die zweite Zeile sagt aus, daß die Systemzahlentwicklung von $b^{\lambda-1}$ aus λ gleichen Ziffern besteht und daß diese Ziffern die Form $b - 1$ haben. Wir müssen aber noch (2.17) beweisen. Dazu setzen wir abkürzend $b^0 + b^1 + \ldots + b^{\lambda-1} = s$. Dann wird $b \cdot s = b^1 + b^2 + \ldots + b^{\lambda-1} + b^\lambda = s + (b^\lambda - b^0)$. Insgesamt wird also $(b - 1)s = b^\lambda - 1$ – und das ist bereits (2.17).

Beispiel 2.5 In Beispiel 2.1 haben wir $\frac{3}{7}$ in seinen Dezimalbruch

$$\frac{3}{7} = 0{,}428571\,42\ldots = \frac{428571}{999999}$$

B

entwickelt. Zur Ergänzung und Beleuchtung der letzten Sätze entwickeln wir $\frac{3}{7}$ aber auch noch in die Systembrüche zu den Basen 2, 3, 4, 5. Dazu begnügen wir uns im Text mit der expliziten Durchführung des Algorithmus für die Basis 3. Dabei schreiben wir allein die Spalten II und III auf. Außerdem schreiben wir alle Zahlen im Zehnersystem mit Ausnahme der Vielfachen von n in Spalte III.

$$
\begin{array}{rl}
 & 3^0 \cdot 3 = 0 \cdot 7 + 3 \\
9 = 1 \cdot 7 + 2 & 3^1 \cdot 3 = 1_{(3)} \cdot 7 + 2 \\
6 = 0 \cdot 7 + 6 & 3^2 \cdot 3 = 10_{(3)} \cdot 7 + 6 \\
18 = 2 \cdot 7 + 4 & 3^3 \cdot 3 = 102_{(3)} \cdot 7 + 4 \\
12 = 1 \cdot 7 + 5 & 3^4 \cdot 3 = 1021_{(3)} \cdot 7 + 5 \\
15 = 2 \cdot 7 + 1 & 3^5 \cdot 3 = 10212_{(3)} \cdot 7 + 1 \\
3 = 0 \cdot 7 + 3 & 3^6 \cdot 3 = 102120_{(3)} \cdot 7 + 3
\end{array}
$$

so daß

$$\frac{3}{7} = 0{,}102120\,1\ldots_{(3)} = \frac{102120}{222222}_{(3)} \qquad \text{Reste: } 3, 2, 6, 4, 5, 1.$$

Entsprechend finden wir

$$\frac{3}{7} = 0{,}123\,1\ldots_{(4)} = \frac{123}{333}_{(4)} \qquad \text{Reste: } 3, 5, 6$$

$$\frac{3}{7} = 0{,}203241\,2\ldots_{(5)} = \frac{20341}{444444}_{(5)} \qquad \text{Reste: } 3, 1, 5, 4, 6, 2.$$

Aufgabe 2.7 a) Bestimmen Sie analog die Systembrüche für $\frac{5}{13}$ (vgl. Beispiel 2.2) für die Basen 2 und 7;

b) $\frac{6}{13}$ soll für die Basen 4 und 6 entwickelt werden.

c) Entwickeln Sie in einen Systembruch 1. $\frac{13}{21}$ zur Basis 2; 2. $\frac{9}{13}$ zur Basis 4; 3. $\frac{2}{13}$ zur Basis 4.

B e m e r k u n g 2.4. In unseren Überlegungen tritt der Fall, in dem ein Systembruch eine Vorperiode besitzt, nicht auf. Das liegt daran, daß

1. $(n, b) = 1 \Longleftrightarrow$ der Systembruch wird periodisch o h n e Vorperiode.

2. Es gibt ein k, so daß $n \mid b^k \Longleftrightarrow$ der Systembruch bricht ab

keine disjunkte Fallunterscheidung ist. Neben $(n, b) = 1$ ist $(n, b) > 1$ die Alternative, die 2. als Sonderfall enthält. Vorperioden treten also genau dann auf, wenn neben $(n, b) > 1$ die Zusatzbedingung: Für alle k $n \nmid b^k$ erfüllt ist.

Wenn wir eine ununterbrochene Folge von Nullen als eine Periode bezeichnen, so ist $(n, b) > 1$ genau dann erfüllt, wenn der Systembruch periodisch mit Vorperiode ist. Gilt zusätzlich: n enthält in seiner Primzahlzerlegung nur Primzahlen, die auch in b auf-

B treten, d. h. gilt: Es gibt ein k mit $n | b^k$, so besteht die Periode ausschließlich aus Nullen. Treten aber in n Primzahlen auf, die nicht in b auftreten, so wird die Periode auch von Null verschiedene Zahlen enthalten.

Beispiel 2.6 Die Dezimalbruchentwicklung von $\frac{13}{22}$ lautet

$$\frac{13}{22} = 0{,}59090\ldots \qquad \text{(Periode 90).}$$

Wir schreiben dies $\frac{13}{22} = 0{,}5 + 0{,}09\overline{09}$ (Periode 09) und finden

$$0{,}5 + 0{,}\overline{09} = \frac{1}{2} + \frac{9}{99} = \frac{1}{2} + \frac{1}{11} = \frac{13}{22}.$$

Beispiel 2.7 Es sei der Dezimalbruch $0{,}13\overline{459}$ vorgegeben; dann schreiben wir ihn so um, daß bei Beibehaltung der Stellen $\geqslant 3$ eine dreistellige Periode nach dem Komma auftritt, d. h., wir setzen

$$0{,}13\overline{459} = 0{,}\overline{594} - 0{,}46 = \frac{594}{999} - \frac{46}{100} = \frac{45954}{99900}.$$

Aufgabe 2.8 a) Verwandeln Sie $\frac{36}{65}$ in einen Dezimalbruch.

b) Verwandeln Sie die Dezimalbrüche $0{,}01287\overline{87}$ bzw. $0{,}935\overline{67}$ in Brüche.

2.5 Die Sätze von Euler und Fermat

Satz 2.8 Gilt neben der ständigen Voraussetzung $(b, n) = 1$ auch noch $(m, n) = (r_0, n) = 1$, so sind alle Reste r_k zu n teilerfremd.

B e w e i s. Wir beweisen die Aussage

$$A(k): (r_{k-1}, n) = 1$$

induktiv. A(1) ist nach Voraussetzung wahr. (2.13a) aber liefert

$$br_{k-1} = z_k \cdot n + r_k.$$

Wir bezeichnen den ggT von r_k und n mit $t = (r_k, n)$. Dann ist die rechte Seite und damit auch die linke Seite durch t teilbar. Wegen $(b, n) = 1$, d. h. $(b, t) = 1$ und $t | b \cdot r_{k-1}$ folgt aber nach Satz 1.13 $t | r_{k-1}$, d. h. $(r_{k-1}, n) \geqslant t$ – im Widerspruch zur Induktionsvoraussetzung $(r_{k-1}, n) = 1$.

B e m e r k u n g 2.5. Die Perioden der Brüche $\frac{m}{n} = \frac{r_0}{n}, \frac{r_1}{n}, \ldots, \frac{r_{\lambda-1}}{n}$ entstehen auseinander durch zyklische Ziffernvertauschung; denn beim Übergang von $\frac{r_i}{n}$ zu $\frac{r_{i+1}}{n}$ beginnt der Divisionsalgorithmus einfach jeweils eine Zeile tiefer. Auch die Reste vertauschen sich zyklisch. Satz 2.7 gibt Anlaß zur Definition einer neuen und wichtigen zahlentheoretischen Funktion $\varphi(n)$:

Definition 2.1 Wir betrachten zu gegebenem n die Anzahl der zu n teilerfremden Reste, **B**
d. h. diejenigen Zahlen aus $\{1, 2, \ldots, n-1\}$, die zu n teilerfremd sind. Ihre Anzahl nennen wir $\varphi(n)$. Es gibt also bei dem Divisionsalgorithmus höchstens $\varphi(n)$ mögliche Reste. Da $(x, 10) = 1$ für $x = 1, 3, 7, 9$ gilt, ist $\varphi(10) = 4$. Ist p eine Primzahl, so ist $\varphi(p) = p - 1$. Außerdem wird $\varphi(1) = 1$ gesetzt.

Satz 2.9 Die Länge λ der Periode in $\frac{m}{n}$ ist ein Teiler von $\varphi(n)$.

B e w e i s. Es gibt nur $\varphi(n)$ verschiedene Reste. Nehmen wir an, es treten nicht alle $\varphi(n)$ Reste r_i mit $(r_i, n) = 1$ in der Entwicklung von $\frac{m}{n}$ auf; dann gibt es neben $m = r_0 = r_\lambda$ in $\{r_1, r_2, \ldots r_{\lambda-1}\}$ noch mindestens eine Zahl r aus den $\varphi(n)$ möglichen, die als Rest nicht aufgetreten ist. Die Entwicklung von $\frac{r}{n}$ führt aber nach Satz 2.6 wieder zu einer Periode mit λ Resten, die wegen der Bemerkung 2.4 sämtlich noch nicht aufgetreten sein können. Mit jedem zu n teilerfremden und noch nicht aufgetretenen Rest bleiben stets zugleich λ weitere. Die Menge aller aus $\varphi(n)$ bestehenden möglichen Reste zerfällt also in elementefremde Klassen mit je λ Elementen.

Aufgabe 2.9 Zu zeigen: In der Menge der $\varphi(n)$ Zahlen kleiner n, die zu n teilerfremd sind, ist „~“ eine Äquivalenzrelation, falls

$$r \sim m \underset{\text{def}}{\iff} \text{„r tritt in der Systembruchentwicklung von } \frac{m}{n} \text{ als Rest auf“.}$$

Satz 2.5 besagt, daß λ der kleinste Exponent ist, für den $n \mid b^{\lambda} - 1$ unter der Voraussetzung $(n, b) = 1$ gilt. Der folgende Satz liefert nun eine interessante Verallgemeinerung dieses Zusammenhanges.

Satz 2.10 $(n, b) = 1 : k = q \cdot \lambda \iff n \mid b^k - 1$, d. h. in Worten: Sind n und b teilerfremd, so gilt $n \mid b^k - 1$ genau dann, wenn k ein Vielfaches von λ ist.

B e w e i s. Wir benötigen zum Beweis eine einfache algebraische Formel, die wir vorweg aufschreiben:

$$b^{s+r} - 1 = b^s \cdot b^r - 1 = (b^s - 1) \cdot (b^r - 1) + (b^s - 1) + (b^r - 1). \tag{2.18}$$

Der Beweis erfolgt durch Ausmultiplizieren der Doppelklammer auf der rechten Seite. Mit (2.18) gelingt der Beweis der Satzes.

„$\Rightarrow$“ Wir beweisen die Aussage

$$A(q) := n \mid b^{\lambda \cdot q} - 1$$

induktiv. A(1) ist wahr nach Satz 2.5. Um $A(q) \to A(q+1)$ nachzuweisen, benutzen wir (2.18). Dort setzen wir $s = q \cdot \lambda$ und $r = \lambda$. Dann wird

$$b^{(q+1)\lambda} - 1 = [(b^{q\lambda} - 1)(b^{\lambda} - 1)] + (b^{q\lambda} - 1) + (b^{\lambda} - 1),$$

und Satz 2.5 bzw. die Induktionsvoraussetzung $A(q) : n \mid b^{\lambda q} - 1$ garantieren, daß jeder Summand der rechten Seite von n geteilt wird. Das muß dann auch für die linke Seite gelten.

B „⇐“ Wir entwickeln k mit Hilfe des Darstellungssatzes nach λ. Dann erhalten wir $k = q \cdot \lambda + r$ mit $0 \leqslant r < \lambda$, und wir müssen zeigen, daß $r = 0$. Dazu setzen wir in (2.18) $q \cdot \lambda$ für s, und es folgt

$$b^k - 1 = b^{q\lambda + r} - 1 = (b^{q\lambda} - 1)(b^r - 1) + (b^{q\lambda} - 1) + (b^r - 1).$$

Da $n | b^k - 1$ vorausgesetzt wird und n die beiden ersten Summanden der rechten Seite teilt, muß auch $n | b^r - 1$ gelten. λ ist aber nach Voraussetzung der kleinste positive Exponent, für den $n | b^r - 1$ gilt. Da aber $r < \lambda$, folgt aus $n | b^r - 1$ notwendig $r = 0$.

Nach dieser Vorbereitung lassen sich die nach Euler bzw. Fermat benannten Sätze leicht beweisen.

Satz 2.11

a) $(n, b) = 1 \Rightarrow n | b^{\varphi(n)} - 1$ (Euler)

b) Ist p eine Primzahl, die b nicht teilt, so gilt

$p | b^{p-1} - 1$ (Fermat)

B e w e i s. a) Aus Satz 2.9 folgt $\varphi(n) = q \cdot \lambda(n)$, und aus Satz 2.10 folgt $n | b^{q \cdot \lambda} - 1$.
b) Ist n insbesondere eine Primzahl, so bedeutet $(n, b) = 1$, daß b keine Potenz von p ist. Da für $n = p$ stets $\varphi(p) = p - 1$ ist, erweist sich der Satz von Fermat als Sonderfall des Satzes von Euler.

Wir beschließen dieses Kapitel mit einem Satz, der es gestattet, $\varphi(n)$ zu berechnen, wenn von n die Primzahlzerlegung bekannt ist. Wir beginnen mit einem Hilfssatz.

Satz 2.12 Gilt $(k, n) = 1$, so sind von den k Zahlen des Ausschnittes einer arithmetischen Folge für beliebige n und i

$$i, i + n, i + 2n, i + 3n, \ldots, i + (k-1)n$$

genau soviel zu k teilerfremd wie in den ersten k Zahlen

$$1, 2, 3, \ldots, k,$$

die für $i = n = 1$ als Sonderfall entsteht.

B e w e i s. Wir denken uns die k Zahlen im Sinne des Darstellungssatzes nach k entwickelt:

$$\begin{aligned} i &= q_0 k + r_1 && \text{mit } 0 \leqslant r_1 < k \\ i + n &= q_1 k + r_2 && \text{mit } 0 \leqslant r_2 < k \\ &\vdots && \vdots \\ i + (k-1)n &= q_{r-1} k + r_k && \text{mit } 0 \leqslant r_k < k \end{aligned}$$

Hier sind alle Reste r_i verschieden, denn wäre $r_{c+1} = r_{d+1} = r$

$$\begin{aligned} &i + cn = q_c k + r \\ &i + dn = q_d k + r \quad \text{mit } c, d \text{ aus } \{0, 1, \ldots, k-1\}, \end{aligned}$$

so liefert die Differenz

$$(c-d)\,n = (q_c - q_d)\,k, \quad \text{also } k \mid (c-d)\cdot n \Rightarrow k \mid c-d \quad \text{wegen } (k,n)=1.$$

B

Da $c - d$ aus $\{-(k-1), \ldots, -1, 0, 1, \ldots k-1\}$, folgt $c - d = 0$.

Die Reste in (2.19) sind also sämtlich verschieden, es treten als Reste alle Zahlen aus $\{0, 1, \ldots, k-1\}$ auf, das aber ist der zu beweisende Satz, da eine Zahl der aufgeschriebenen Folge genau dann teilerfremd zu k ist, wenn dies für ihren Rest zutrifft.

Nach Beweis des Hilfssatzes zeigt man leicht, daß $\varphi(n)$ „multiplikativ" ist, d. h., daß der folgende Satz gilt (vgl. Satz 3.12).

Satz 2.13 Ist $(n, k) = 1$, so gilt $\varphi(n \cdot k) = \varphi(n) \cdot \varphi(k)$.

B e w e i s. Wir denken die $n \cdot k$ Zahlen $1, 2, \ldots, n \cdot k$ in dem folgenden rechteckigen Raster aufgeschrieben, in dessen Zeilen wir den Ausschnitt der arithmetischen Folge von Satz 2.12 wiederfinden

$$\begin{array}{lllll}
1 & 1+n & 1+2n & 1+3n \ldots & 1+(k-1)n \\
2 & 2+n & 2+2n & 2+3n \ldots & 2+(k-1)n \\
3 & 3+n & 3+2n & 3+3n \ldots & 3+(k-1)n \\
\vdots & \vdots & \vdots & \vdots & \vdots \\
n & n+n & n+2n & n+3n \ldots & n+(k-1)n.
\end{array}$$

Die Zahlen einer Zeile unterscheiden sich von der jeweils ersten Zahl dieser Zeile allein durch Vielfache von n. Daraus folgt: Hat die erste Zahl i einer Zeile mit n einen Teiler gemeinsam, so gilt dies für alle Zahlen dieser Zeile – hat sie aber mit n keinen Teiler gemeinsam, ist also $(i, n) = 1$, so gilt dies gleich für alle Zahlen dieser Zeile. In $\{1, 2, \ldots, n\}$ gibt es aber $\varphi(n)$ solcher Zahlen, im Raster gibt es $\varphi(n)$ solcher Zeilen.

Zahlen, die sowohl zu n als auch zu k teilerfremd sind, können nur in diesen $\varphi(n)$ Zeilen auftreten. Nach Satz 2.12 treten aber in jeder Zeile $\varphi(k)$ zu k teilerfremde auf. Daher finden wir unter allen Zahlen des Rasters genau $\varphi(n) \cdot \varphi(k)$ Zahlen, die sowohl zu n als auch zu k teilerfremd sind. Es gilt also unter der Voraussetzung $(n, k) = 1$

$$\varphi(n \cdot k) = \varphi(n) \cdot \varphi(k).$$

Aufgabe 2.10 a) Bestätigen Sie die Aussage von Satz 2.13 für 1. $n \cdot k = 4 \cdot 9$; 2. $n \cdot k = 5 \cdot 6$ und 3. $n \cdot k = 16 \cdot 25$.

b) Zeigen Sie: Ist p eine Primzahl, so gilt für alle natürlichen k

$$\varphi(p^k) = p^k - p^{k-1}.$$

c) Mit Hilfe von b) und Satz 2.13 ist eine Formel für $\varphi(a)$ zu entwickeln, wenn $a = p_1^{\alpha_1} p_2^{\alpha_2} p_3^{\alpha_3}$ ist.

Auch für die Periodenlänge $\lambda(n)$ können wir bei einer festen Entwicklungsbasis b eine entsprechende Aussage wie für $\varphi(n)$ machen. Es gilt nämlich

Satz 2.14 Für $(n, k) = 1$ und gleicher Entwicklungsbasis ist

$$\lambda(n \cdot k) = \text{kgV}[\lambda(n), \lambda(k)],$$

falls – wie stets vorausgesetzt – $(n, b) = (k, b) = 1$.

B **Beweis.** $\lambda(n \cdot k)$ ist der kleinste Exponent, für den

$$n \cdot k \mid b^{\lambda(n \cdot k)} - 1 \qquad (2.20)$$

gilt. Aus Satz 2.10 folgt, daß $\lambda(n \cdot k)$ sowohl ein Vielfaches von $\lambda(n)$ als auch ein Vielfaches von $\lambda(k)$ sein muß; denn aus (2.20) folgt

$$n \mid b^{\lambda(n \cdot k)} - 1 \quad \text{und} \quad k \mid b^{\lambda(n \cdot k)} - 1.$$

$\lambda(n \cdot k)$ ist also ein gemeinsames Vielfaches von $\lambda(n)$ und $\lambda(k) \cdot \lambda(n\cdot)$ ist aber der kleinste Exponent, für den (2.20) gilt. Daher liegt die Vermutung, $\lambda(n \cdot k)$ sei das kleinste gV, nahe. Nach Satz 2.10 folgt aber

$$n \mid b^{[\lambda(n), \lambda(k)]} - 1 \quad \text{und} \quad k \mid b^{[\lambda(n), \lambda(k)]} - 1.$$

Da n und k teilerfremd sind folgt daraus, daß

$$n \cdot k \mid b^{[\lambda(n), \lambda(k)]} - 1$$

gilt.

Aufgabe 2.11 Bestätigen Sie Satz 2.14 für $b = 5$. Wählen Sie 1. $n = 7, k = 9$; 2. $n = 7$, $k = 13$.

C

2.6 Die Problematik der Stellenwertsysteme in der Schule

Das Verständnis für die geniale Idee des Stellenwertes von Ziffern, die uns durch den täglichen Gebrauch so selbstverständlich geworden ist, daß wir gar nicht mehr über sie nachdenken, muß bei den Kindern aufgebaut werden, da ohne sie das schriftliche Rechnen unverständlich bleiben muß. Daher werden in der Grundschule im 3. Schuljahr andere Stellenwertsysteme in Verbindung mit dem Aufbau des Zahlenraums bis 1000 an die Schüler herangetragen, um diese Idee mit Hilfe der Analogie noch stärker und eindringlicher hervortreten zu lassen. Dies geschieht über Handlungen im Zusammenhang mit „Bündeln im Dreier-, Vierer- . . . . - . . . land“ – oft eingeleitet durch eine Geschichte, bei der irgendjemand nur bis 3 zählen kann, was ihn veranlaßt, seinen Vorrat an Bananen so zu verpacken, daß er 3 Bananen in 1 Tüte, 3 Tüten in 1 Kiste, 3 Kisten in 1 Korb usw. usw. steckt.

Nach meinen Beobachtungen ist aber die Leistung, die mit der Darstellung einer Zahl in verschiedenen, über Bündelungen aufgebauten Systemen gefordert wird, bereits so hoch, daß der eigentliche Vergleichsprozeß und die Einsicht in die Analogie mit dem bekannten Zehnersystem von den Kindern nicht mehr geschafft wird. Solange man sich noch mit den Schwierigkeiten einer Sache abplagt, kann man eben über sie noch nicht reflektieren. Besonders anspruchsvoll sind Autoren von Grundschulwerken, wenn sie zugleich auch noch den Potenzbegriff (einschließlich $3^0 = 4^0 = \ldots = 1$) in diese Unterrichtseinheit mit einbauen. Das einzige, was Kinder noch mit einiger Lust tun, ist das Verschlüsseln dezimalgeschriebener Zahlen in die eines anderen Systems und umgekehrt. Das geht aber praktisch nur entweder über schnell langweilig werdendes Entbündeln und Neubündeln oder dann, wenn ihnen im Kopf der Tabellen die Werte der einzelnen Stellen vorgegeben werden. Sie wundern sich aber beileibe nicht, daß das überhaupt geht, jede Frage nach dem „Warum"? läßt sie verstummen. Zusammenhänge werden bestenfalls geahnt, kaum erkannt und formulieren lassen sie sich schon lange nicht. C

Neuere Lehrpläne verzichten daher darauf, das Rechnen in den verschiedenen Systemdarstellungen vorzuschlagen. Da aber die eigentliche Bedeutung des Stellenwerts in der Möglichkeit zum Algorithmieren liegt, ist die Behandlung des Stellenwertes isoliert von anderen Stoffen und daher schnell und gern wieder dem Vergessen anheimgegeben.

Es scheint daher ratsam, die Anforderungen noch weiter als über den Verzicht auf formales Rechnen herabzusetzen und nach anderen Verbindungen zu wichtigen Inhalten bzw. Fertigkeiten zu suchen. Statt der Einsicht in das prinzipielle und eindeutige Funktionieren des Bündelns in Stellenwerte sollte es genügen, wenn Kinder die verschiedenen Darstellungen von Zahlen zugleich mit dem Problem der linearen Ordnung, z. B. beim lexikographischen Ordnen, kennenlernen. Der Unterschied dieser Auffassung gegenüber der üblichen liegt also in der Verlagerung des Schwerpunktes: weg von dem Problem des Stellenwerts bei einzelnen Zahlen in den verschiedenen Systemdarstellungen hin zum Verständnis der Entscheidung über „vorher – nachher" in der Folge aller Zahlen.

Beim Dreiersystem z. B. mag man feststellen, daß die Folge der Aufschreibung der Zahlen einfach dadurch entsteht, daß in der Folge der Dezimalzahlen einfach alle diejenigen weggelassen werden, in denen Ziffern größer als 3 vorkommen. Im Fünfersystem rückt man – ohne Änderung der Reihenfolge – alle Zahlen zusammen, die allein die Ziffern 0, 1, 2, 3, 4 besitzen.

0, 1, 10, 11, 100, 101, 110, 111, 1000, . . . im Zweiersystem,
0, 1, 2, 10, 11, 12, 20, 21, 22, 100, . . . im Dreiersystem und
0, 1, 2, 3, 4, 10, 11, 12, 13, 14, 20, . . . im Fünfersystem usw.

Dabei darf man die ersten Anzahlen und ihre Darstellung durch Bündelungen finden. Es muß aber das Problem im Vordergrund stehen, wie sich die Darstellungen in der lückenlosen Aufeinanderfolge verändern. Ist der Anfang über Handeln – im Gruppenunterricht mit ungleicher Front – gefunden, so wird die Fortsetzung leicht entdeckt. Allerdings wird jetzt das Problem des Umrechnens von einem System in ein anderes schwieriger. Aber auch dafür gibt es eine – auch sonst als Hilfsmittel gut verwendbare – anschauliche Möglichkeit, wenn man den Bündelungsvorgang in die Baumdarstellung (vgl. Fig. 2.1) übersetzt. In Fig. 2.1 sind bereits 2 Bäume – der für Dreierbündelung und der für die Fünferbündelung so aneinandergelegt,wie man es zum Umrechnen von 2 Systemen ineinander tun wird. Die Verfolgung der Zweige (von innen nach außen) liefert die unmittelbare Übersetzung einer Anzahl, wie man das am Beispiel (verstärkte Zweige) verfolgen kann. Man findet hier

$$2012_{(3)} = 214_{(5)} = 59_{(10)}.$$

Es ist durchaus statthaft, diese zeichnerische Bündelung für die verschiedenen Systeme

C

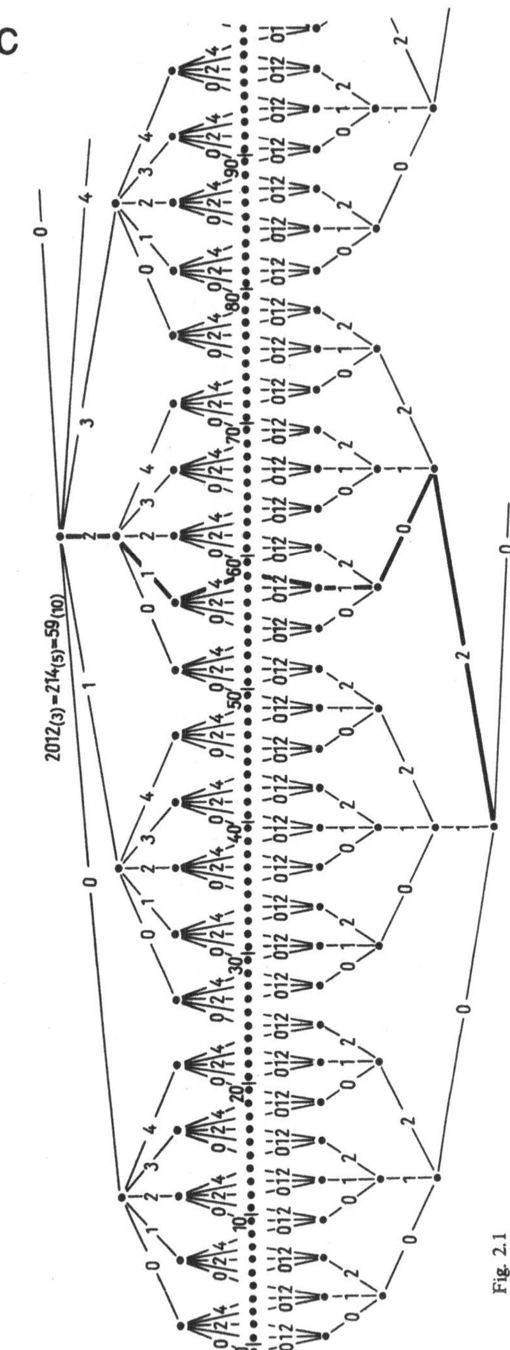

Fig. 2.1

vorzugeben. Insbesondere kann man an einer solchen Zeichnung erkennen, welche von 2 vorgegebenen Systemzahlen die größere ist. C

Man wird feststellen,

1. daß die „längere" Zahl größer ist als die „kürzere", solange sie nicht mit einer Null beginnt,

2. daß man solange Nullen vor die kürzere Zahl setzen darf, bis beide gleichlang sind,

3. daß im Falle gleicher Länge die folgende Vorschrift gilt: Man vergleiche, von vorn beginnend, Ziffer für Ziffer. Diejenige Zahl ist die größere, bei der die erste abweichende Ziffer größer ist.

Das Vergleichsprinzip ist darum so wichtig, weil das Ordnen der Wörter im Lexikon fast mit ihm identisch ist. Deutet man das Alphabet so, daß ‚a' „kleiner" ist als ‚b', ‚b' aber wiederum „kleiner" als ‚c' usw. (man fängt ja bei ‚a' mit dem Zählen an), so ist dies der einzige Unterschied: Wörter fangen grundsätzlich vorn an derselben Stelle an, das kürzere Wort darf man hinten mit nicht gesprochenen Leerbuchstaben □, □, . . . solange verlängern, bis es so lang wie das längere ist. Für diesen Leerbuchstaben gilt: □ ist kleiner als a. Dann beginnt man mit dem Vergleich, bei dem – wie in 3. oben – die Vorschrift gilt, daß man beide Wörter – von vorn beginnend – Buchstabe für Buchstabe vergleicht. Das Wort ist „größer", d. h., es kommt später, bei dem der erste abweichende Buchstabe „größer" ist.

Der etwas unangenehme Unterschied fällt weg, und die Entscheidungen bei Zahlen und Wörtern sind völlig analog, falls man Zahlen bzw. Wörter auf gleiche Länge bringt: Die Zahlen durch das Voranstellen von Ziffern Null vor die kürzere Zahl, die Wörter durch Anhängen von Buchstaben □ an das kürzere Wort.

Die lexikographische Ordnung, die so der Größer-Relation bei Zahlen analogisiert ist, kann man durch ein Spiel für 4 Spieler einüben.

Man hat farbige Steckwürfel, Steckrollen, Legosteine . . . und legt in den Farben eine Ordnung fest, ein Alphabet, eine Ziffernfolge, z. B. bei fünf Farben nach dem Helligkeitsgrad

weiß – gelb – rot – blau – schwarz.

Zahlen bzw. Wörter entsprechen Türmen, die wir 3 Stockwerke hoch machen.

Jeder Spieler wählt zu Beginn des Spiels etwa 12–15 Steine einer beliebigen Farbe.

Der Spieler am Zug muß aus seinem Vorrat 2 Türme bauen, die oben verschiedenfarbig sein sollen. Er stellt sie auf die schraffierten Außenfelder des Spielplans (Fig. 2.2). Damit legt er eine Ordnung fest („oben" beim Turm ist „vorn" bei Zahlen).

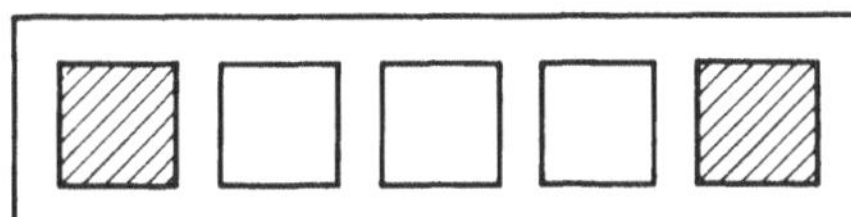

Fig. 2.2

Die folgenden Spieler bauen aus ihrem verdeckt gehaltenen Vorrat der Reihe nach Türme, die jeweils auf eines der freigebliebenen Felder passen. Es kommt darauf an,

C daß der 4. Spieler keinen passenden Turm mehr bauen kann. Gelingt es ihm doch, so muß ihm jeder der 3 anderen Spieler einen Stein geben. Gelingt es dem 4. Spieler aber nicht, das letzte Feld richtig zu besetzen, so muß er jedem Mitspieler einen Stein geben.

3 Kongruenzen

A

3.1 Probleme, auf die der Darstellungssatz führt

Im 2./3. Schuljahr lernt man das Einmaleins. Nach als gesichert geltenden lerntheoretischen Einsichten sollte man mit irgendwelchen Verknüpfungen zugleich auch ihre Umkehrung mituntersuchen, ja man sollte alle möglichen Denkrichtungen im Umfeld eines bestimmten Zusammenhangs gemeinsam erforschen. Auf das Einmaleins bezogen bedeutet dies, daß man lernen sollte, sich den Zahlenraum bis 100 nicht nur in der Zehnerunterteilung, sondern auch eingeteilt in alle möglichen anderen Intervalle – wie z. B. 0 – 8 – 16 – 24 – . . . – 80 – 88 – 96 – 104 – vorzustellen. Praktisch fragt man nicht nur nach dem Ergebnis von $6 \cdot 8$, sondern umgekehrt auch nach den verschiedenen Faktorzerlegungen von 48. Darüber hinaus aber sollte die Vorstellung der Kinder so flexibel gemacht werden, daß man auch die Lage der Zahl 48 in den verschiedenen Einmaleins-Intervallen kennzeichnen kann.

Wir haben in den vorhergehenden Kapiteln die große Bedeutung des Darstellungssatzes 1.6 zu beurteilen gelernt. Die oben angedeuteten Übungsformen im Zusammenhang mit dem Lernen des Einmaleins mit dem Beispiel der Zahl 48 zielen natürlich auf die Darstellung von 48 – und überhaupt aller Zahlen – durch die Zerlegung nach allen möglichen Zahlen von 2 bis 10. So sollten in der Form des Darstellungssatzes z. B. die Zerlegungen von 48

$$48 = 9 \cdot 5 + 3 = 8 \cdot 6 = 6 \cdot 7 + 6 = 6 \cdot 8 = 5 \cdot 9 + 3 = 4 \cdot 10 + 8$$

aus einer variabel gemachten Vorstellung heraus spontan durchgeführt werden können.

Es handelt sich in den Lernprozessen dieses Alters also nicht allein um das kleine Einmaleins, sondern vielmehr um den Aufbau der Fähigkeit, sich die multiplikative Strukturierung der Zahlen von 1 bis 100 vorstellen zu können. In dieses Generalthema gehören dann auch Untersuchungen wie die folgende: Welche Zahlen besitzen in der Zerlegung nach 5 den Rest 4? In welchen Zerlegungen besitzt 48 den Rest 3? Gibt es Zahlen a, die, je nach Zerlegungszahl, a l l e Reste besitzen, die kleiner als a sind?

In allen diesen Fragen handelt es sich um den Darstellungssatz

$$a = q \cdot b + r \quad \text{mit } 0 \leqslant r < b.$$

In ihnen sind von den 3 Zahlen a, b und r zwei vorgegeben. Sind a und b vorgegeben, so sind q und r durch die Forderung $0 \leqslant r < b$ eindeutig bestimmt. Das ist genau die Aussage des Darstellungssatzes. Sind a und r vorgegeben, so sind b und q Komplementärteiler von $a - r$, die Menge aller möglichen b ist endlich, es ist die Menge aller Teiler von $a - r$.

Der interessanteste Fall liegt vor, wenn b und r vorgegeben sind; denn jetzt ist die Menge A aller möglichen a unendlich. Es handelt sich um die Menge aller ganzen Zahlen, die beim Teilen durch b den festen Rest r lassen. Für r = 0 insbesondere handelt es sich um die Menge aller Vielfachen von b.

Mit Hilfe der Zahlengeraden können wir ein anschauliches Bild entwickeln. Wir vergleichen eine Zahlengerade I mit einer zweiten Geraden II, auf der Teilpunkte mit dem Abstand b eingetragen sind (Fig. 3.1). Legen wir II parallel zu I so, daß einer ihrer Teilstriche auf „0" von I zeigt, so zeigen die anderen Teilstriche auf alle Vielfachen von b, r ist gleich 0.

Fig. 3.1

Verschieben wir nun II um eine Einheit nach rechts, so markieren ihre Teilstriche alle diejenigen ganzen Zahlen, die beim Teilen durch b den Rest 1 haben. So können wir schrittweise die für verschiedene r verschiedenen Teilmengen der ganzen Zahlen markieren. Die Menge **Z** zerfällt in b derartige Teilmengen, sie treten auf für r = 0, r = 1, ... r = b – 1. Jede ganze Zahl wird irgendwann erfaßt, sie gehört genau einer dieser Teilmengen an.

Die Uhr liefert uns eine weitere Veranschaulichung für eine Darstellung aller Zahlen durch die 12. Der Stundenzeiger rückt in jeder Stunde um eine Zahl weiter. Beginnen wir mit dem Zählen der vom Stundenzeiger angezeigten vollen Stunden um 0^{00} Uhr, dann zeigt er nur die ersten 12 Stunden getreu an, sonst zeigt er von der vergangenen Zahl von Stunden lediglich den Rest an, den sie beim Teilen durch 12 haben. Entsprechendes gilt für die Zeigerstellung vor der „Stunde 0".

Das Ziffernblatt einer Uhr läßt sich aber nicht nur in 12 gleiche Sektoren unterteilen, so daß auch über die verschieden eingeteilten Uhren (vgl. Fig. 3.2 und Fig. 3.3) folgendes deutlich wird:

Jedes vorgegebene $b > 0$ führt dazu, daß die Menge der ganzen Zahlen in b Teilmengen zerlegt wird. Jede ganze Zahl gehört genau zu einer von ihnen und jede Teilmenge wird bestimmt durch einen Rest r, den alle ihr angehörenden Zahlen beim Teilen durch b lassen. Alle zyklischen Vorgänge liefern derartige Teilmengen: Der Tagesablauf (Zerlegungszahl 24), der Wochenablauf (Zerlegungszahl 7) und der Jahresablauf (Zerlegungszahl 12). Z. B. gehört jeder Tag zu einer der 7 Klassen, die jede ihren Namen hat: Montag, Dienstag, ..., Sonntag. Auch die Monate, beginnend mit dem Januar, werden allein durch die Reste beim Teilen durch 12 gekennzeichnet. Hier haben die Teilmengen eine eigene Identität angenommen.

Die Uhrvorstellung erweckt die Idee des „Uhrenrechnens". Man fragt z. B., auf welche Zahl der Zeiger zeigt, wenn er – ausgehend etwa von der Zeitangabe 7 – um 30 Stunden weitergerückt ist. Diese Stellung kann man auf mehrere Arten errechnen. Man kann sich sagen, daß 24 Stunden früher, also nach insgesamt 6 Stunden, der Zeiger bereits auf der richtigen Zahl – nämlich auf der „1" steht, weil 7 + 6 = 13 und 13 = 12 + 1. Man kann sich aber auch sagen, daß er nach 36 Stunden wieder auf die „7" zeigt, 6 Stunden früher muß er dann auf die „1" gezeigt haben.

A Zu verallgemeinerten Problemen dieser Art gehört das folgende: Ausgehend von der Nullzeit, wird der Zeiger der Uhr in irgendeiner Folge bestimmten Drehungen um ganze Stundenzahlen unterworfen, etwa

> 37 Stunden zurück, dann 19 Stunden vor, dann 134 Stunden vor und schließlich 87 Stunden zurück – wo zeigt er jetzt hin?

Dieses Problem können wir stark vereinfachen, wenn wir von allen Zahlen geeignete Vielfache von 12 abziehen. Wir erhalten so das Problem

> 1 Stunde zurück, 7 Stunden vor, 2 Stunden vor
> und schließlich 7 Stunden zurück.

Der Zeiger zeigt dann auf die „1".

Wir kommen auch allein mit Weiterdrehen im Uhrzeigersinn aus, da „1 Stunde zurück" dasselbe bedeutet wie „11 Stunden vor", „7 Stunden zurück" dasselbe wie „5 Stunden vor" ist. Wir müssen also den Zeiger vorstellen um $11 + 7 + 2 + 5 = 25$ Stunden. Wegen $25 = 2 \cdot 12 + 1$ erhalten wir wie oben das Ergebnis: Der Zeiger zeigt auf die „1".

Eine neue Fragestellung entsteht, wenn wir von 2 verschieden unterteilten Zifferblättern ausgehen. Das eine sei – wie gewohnt – in 12 gleiche Sektoren geteilt, das andere nur in 5 (Fig. 3.2).

Fig. 3.2

Da eine Stunde bei beiden „Uhren" gleichlang ist, läuft der Zeiger der Fünferuhr schneller als der der Zwölferuhr. Zu einem gewissen Zeitpunkt zeigt der Zeiger der Fünferuhr „2", der der Zwölferuhr „3".

Wir fragen: Nach wieviel Stunden zeigen beide Uhren auf dieselbe Ziffer? Wir versuchen eine Antwort mit Hilfe von Tab. 3.1. Da diese Methode offenbar sehr langweilig ist, versuchen wir, die Lösung durch Überlegen zu finden.

Tab. 3.1

Die Zwölferuhr zeigt:	3	4	5	6	7	8	9	10	11	12	1 ...
Die Fünferuhr zeigt:	2	3	4	5	1	2	3	4	5	1	2 ...

Zuerst wird klar, daß die erste gemeinsame Ziffer die „1" ist – denn wenn beide auf die „2" zeigen, so haben sie eine Stunde früher bereits beide auf „1" gezeigt.

Dann überlegen wir, welche Zahlen der Reihe nach über der 1 in der weitergeführten Tab. 3.1 stehen würden. Jedesmal, wenn der Zeiger der Fünferuhr einmal herumgewandert ist, dann ist der Zeiger der Zwölferuhr um 5 weitergerückt. 4 Stunden nach unserer Ausgangszeit steht der Zeiger der Fünferuhr zum ersten Mal auf der „1“, der der Zwölferuhr steht auf der 7. A

Der Reihe nach zeigt er dann auf die 12, 5, 10, 3, 8 und danach schließlich auf die 1, d. h. nach $6 \cdot 5$ Stunden + 4 Stunden = 34 Stunden ist die Stellung „beide zeigen auf 1“ erreicht.

Wir fragen weiter, wann die Ausgangsstellung wieder erreicht ist, d. h., wann in der Tabelle die 3 wieder über der 2 steht. Wie oben gehen wir gleich in Fünferschritten weiter und finden der Reihe nach die folgenden Zahlen über der 2: 3, 8, 1, 6, 11, 4, 9, 2, 7, 12, 5, 10, 3. In permutierter Reihenfolge sind dies alle Zahlen von 1 bis 12. Es dauert also 60 Stunden. Schreiben wir alle Doppelzahlen der Tabelle als Zahlenpaare, so müssen 60 Paare auftreten, das sind aber alle Paare des kartesischen Produktes $\{1, 2, 3, 4, 5\} \times \{1, 2, \ldots, 11, 12\}$. Das führt zu der Aussage, daß jede Ausgangssituation sich nach genau 60 Stunden wieder einstellt.

Fig. 3.3

Ausgangssituationen wiederholen sich aber viel schneller, wenn wir z. B. eine Achteruhr einer Zwölferuhr gegenüberstellen. Wir gehen wieder von (2.3) aus (Fig. 3.3). Wir erhalten der Reihe nach die Paare (2, 3), (2, 11), (2, 7), (2, 3). Die alte Situation ist bereits nach $3 \cdot 4 = 12$ Stunden wieder hergestellt. Daß als 2. Zahlen nur 3 verschiedene auftreten, liegt daran, daß $3 \cdot 8$ bereits wieder ein Vielfaches von 12 ist. Alle anderen Ausgangssituationen stellen sich aber auch bereits wieder nach $3 \cdot 4$ Stunden ein: (2, 1), (2, 9), (2, 5), (2, 1); (2, 2), (2, 10), (2, 6), (2, 2); (2, 4), (2, 12), (2, 8), (2, 4).

Die 12 Zahlen $\{1, \ldots, 12\}$ zerfallen also bei dieser Überlegung in die 4 Teilmengen $\{1, 5, 9\}$, $\{2, 6, 10\}$, $\{3, 7, 11\}$ und $\{4, 8, 12\}$.

Sie sammeln jedesmal die Zahlen kleinergleich 12, die beim Teilen durch 4 denselben Rest lassen. Wir sind also wieder auf unseren Ausgangspunkt zurückgekommen.

Aufgabe 3.1 Wir vergleichen eine Fünferuhr mit einer Dreieruhr.

a) Wieviel Paare von Zeigerstellungen sind möglich?

b) Nach wieviel Stunden wiederholen sich gegebene Stellungen?

c) Nach wieviel Stunden tritt die Einstellung (2, 1) auf, wenn beide Zeiger zu Beginn auf die „1“ zeigen?

B 3.2 Restklassen

Wir wollen jetzt die anschaulich geführten Untersuchungen präzisieren und verallgemeinern.

Definition 3.1 Zwei ganze Zahlen a und b heißen *kongruent modulo m*, in Zeichen „$a \equiv b(m)$“, genau dann, wenn sie beim Teilen durch m denselben Rest lassen. Da ihre Differenz in genau diesen Fällen ein Vielfaches von m ist, können wir formal schreiben

$$a \equiv b(m) \underset{\text{def}}{\Longleftrightarrow} a - b = q \cdot m \quad \text{mit } q \text{ aus } \mathbf{Z}. \tag{3.1}$$

Dementsprechend nennt man 2 Zahlen a und b inkongruent modulo m, ($a \not\equiv b(m)$) wenn der Modul m die Differenz $a - b$ *nicht* teilt.

Unsere Vorüberlegungen machten es deutlich, daß bei vorgegebenem m die Menge **Z** in m Teilmengen zerfällt, wobei die Zahlen einer dieser Teilmengen aus genau den untereinander modulo m kongruenten Zahlen besteht. Der Nachweis erfolgt in den beiden ersten Sätzen:

Satz 3.1 Die Kongruenz modulo m ist eine Äquivalenzrelation.

Beweis. Stets gilt $a \equiv a(m)$, da $a - a = 0 \cdot m$ mit $0 \in \mathbf{Z}$ gilt. Die Relation „$\equiv$“ ist also *reflexiv*. Sie ist aber auch *symmetrisch*, denn aus

$$a - b = q \cdot m \quad \text{folgt} \quad b - a = (-q) \cdot m,$$

und hier ist $-q$ aus **Z**, wenn q aus **Z** stammt.

Die Relation „$\equiv$“ ist aber auch *transitiv*, d. h., es gilt

$$a \equiv b(m) \wedge b \equiv c(m) \Rightarrow a \equiv c(m),$$

denn ist $a - b = q_1 \cdot m$ und $b - c = q_2 \cdot m$, so folgt

$$(a - b) + (b - c) = a - c = (q_1 + q_2) \cdot m.$$

$q_1 + q_2$ ist aber als Summe von zwei ganzen Zahlen selbst ganz.

Satz 3.2 Ist $C_r = \{x \mid x \equiv r(m)\}$, so gilt

1. $C_i = C_j \Longleftrightarrow i \equiv j(m)$,
2. $C_i \cap C_j = \emptyset \Longleftrightarrow i \not\equiv j(m)$,
3. $C_0 \cup C_1 \cup \ldots \cup C_{m-1} = \mathbf{Z}$.

Beweis. 1. Ist $i \equiv j(m)$, so zeigen wir zuerst: $C_i \subset C_j \wedge C_j \subset C_i$, also $C_i = C_j$. Ist nämlich x ein Element aus C_i, so gilt $x \equiv i(m)$, da außerdem $i \equiv j(m)$, folgt aus der Transitivität: $x \equiv j(m)$, d. h., x ist ein Element aus C_j, also $C_i \subset C_j$.

Ist andererseits x ein Element aus C_j, so ist $x \equiv j(m)$, und da wegen der Symmetrie von $\equiv$ die Voraussetzung auch als $j \equiv i(m)$ geschrieben werden kann, folgt wie oben $x \in C_i$, also $C_j \subset C_i$.

Schließlich folgt aus $C_i = C_j$, daß $i \equiv j(m)$; denn sowohl i als auch j liegen in C_i ($= C_j$). **B**
Elemente derselben Teilmenge C_i sind aber aufgrund der Definition zueinander kongruent.

2. Sei $i \not\equiv j(m)$ und $x \in C_i \cap C_j$, dann folgt

$$x \in C_i, \quad \text{also} \quad x \equiv i(m),$$

$$x \in C_j, \quad \text{also} \quad x \equiv j(m).$$

Wegen der Symmetrie von $\equiv$ darf $i \equiv x(m)$ geschrieben werden, und dann ist

$$i \equiv x(m) \wedge x \equiv j(m), \quad \text{also} \quad i \equiv j(m).$$

Das aber steht im Widerspruch zur Voraussetzung, und daher kann es im Durchschnitt von C_i und C_j kein Element geben.

3. Der Darstellungssatz sagt aus, daß sich jede ganze Zahl x eindeutig zerlegen läßt in

$$x = q \cdot m + r \quad \text{mit } 0 \leqslant r < m.$$

Danach gehört jede ganze Zahl genau einer Teilmenge C_r an.

B e m e r k u n g 3.1. Übrigens bewirkt jede über einer Menge M definierte Äquivalenzrelation „~" eine Zerfällung von M in Teilmengen T_i, die den Bedingungen von Satz 3.2 genügen:

1. $T_i = T_j \Longleftrightarrow i \sim j$,
2. $T_i \cap T_j = \emptyset \Longleftrightarrow i \not\sim j$,
3. $T_1 \cup T_2 \cup \ldots \cup T_k = M$ im Fall, daß M endlich,
   $T_1 \cup T_2 \cup \ldots \quad = M$ im Fall, daß M unendlich.

In einem solchen Fall spricht man von einer Klasseneinteilung von M, und die T_i nennt man Klassen.

Es gilt aber auch die Umkehrung dieses Sachverhaltes. Wenn man – wie auch immer – eine Menge M in Klassen eingeteilt hat, so gibt es eine Äquivalenzrelation, die diese Klasseneinteilung bewirken würde, sie lautet

x liegt in derselben Teilmenge wie y.

Klasseneinteilungen und Äquivalenzen sind also stets miteinander verkoppelt.

B e m e r k u n g 3.2. In unserem Fall wird **Z** mit Hilfe der Zerlegungszahl m in Klassen eingeteilt. Die Zahlen einer Klasse lassen beim Teilen durch m denselben Rest r. Wir kennzeichnen sie allein durch den gemeinsamen Rest r durch C_r. Wir werden dies auch in Zukunft tun, solange keine Mißverständnisse über m zu befürchten sind. In manchen Fällen aber ist es notwendig, die Zerlegungszahl im Namen der Klasse mit aufzuführen. Wir schreiben dann

$$C_0^m, C_1^m, \ldots C_{m-1}^m.$$

Definition 3.2 Die m Klassen $C_0^m, C_1^m, \ldots, C_{m-1}^m$ nennt man R e s t k l a s s e n m o d u l o m, man sollte aber stets bedenken, daß mit $i \equiv k(m)$ $C_i = C_k$ gilt

B **Definition 3.3** m Zahlen $r_0, r_1, \ldots, r_{m-1}$ heißen ein *vollständiges Restsystem modulo m*, falls jede von ihnen einer anderen Restklasse angehört, d. h., wenn

$$r_i \not\equiv r_j(m) \Longleftrightarrow i \neq j$$

gilt.

Das einfachste vollständige Restsystem besteht aus den Zahlen 0, 1, ..., m − 1.

Die m Restklassen $C_0, C_1, \ldots, C_{m-1}$ können wegen Satz 3.2, 1. auch in der Form $C_{r_0}, C_{r_1}, \ldots, C_{r_{m-1}}$ geschrieben werden.

Aufgabe 3.2 Zu zeigen ist, daß beliebige m aufeinander folgende ganze Zahlen ein vollständiges Restsystem bilden.

Aufgabe 3.3 Zu zeigen: Für beliebiges q sind die m Zahlen $q \cdot m + 0 \cdot k, q \cdot m + 1 \cdot k, \ldots, q \cdot m + (m-1)k$ genau dann ein vollständiges Restsystem, wenn $(m, k) = 1$.

3.3 Restklassenaddition

Definition 3.4 Man sagt, daß eine Klasseneinteilung $C_0, C_1, \ldots, C_{m-1}$ einer Menge M mit einer in M abgeschlossenen Verknüpfung *verträglich* ist, wenn

$$\bigwedge_{C_i, C_j} \bigvee_{C_k} x \in C_i \wedge y \in C_j \rightarrow x * y \in C_k \tag{3.2}$$

Das heißt in Worten: Jedem beliebigen Paar von Klassen C_i, C_j ist stets eine Klasse C_k so zugeordnet: Wählt man x beliebig aus C_i, y beliebig aus C_j, so findet man $x * y$ stets in derselben Klasse C_k. In einem derartigen Fall nennt man die die Klasseneinteilung bewirkende Äquivalenz eine *Kongruenz*.

Bemerkung 3.3. Im Fall einer Kongruenz über einer Menge M kann man aus der Verknüpfung * in M eine neue Verknüpfung über der Menge der Klassen ableiten. Der Einfachheit halber wählt man hier dasselbe Verknüpfungszeichen *, solange keine Verwechslungen zu befürchten sind.

Da in (3.2) die Klasse C_k durch C_i und C_j eindeutig bestimmt ist, schreibt man also

$$C_i * C_j = C_k.$$

Satz 3.3 Die Addition in **Z** ist für alle m mit der Klassenbildung „kongruent modulo m" verträglich.

Beweis. Gilt $x \in C_i^m$ und $y \in C_j^m$, d. h., ist

$$x = q_1 \cdot m + i, \qquad y = q_2 \cdot m + j,$$

so folgt sofort $x + y = (q_1 + q_2) \cdot m + (i + j)$, das aber bedeutet $x + y \equiv i + j(m)$ oder $x + y \in C_{i+j}^m$.

Unabhängig von der Wahl von x aus C_i^m und y aus C_j^m liegt $x + y$ in C_{i+j}^m. Im Sinne von Bemerkung 3.3 ist also

$$C_i^m + C_j^m = C_{i+j}^m.$$

B

B e m e r k u n g 3.4. Die Zerlegungszahl m nennt man den M o d u l d e r R e s t - k l a s s e n b i l d u n g. Da sich die in Satz 3.1 bewiesene Äquivalenz in Satz 3.3 sogar als Kongruenz erwiesen hat, erklärt sich nachträglich die Sprechweise von Definition 3.1, nämlich „x ist kongruent zu y modulo m".

Der Satz 3.3 läßt sich leicht erweitern zu der folgenden Aussage

$$x_1 \in C^m_{r_1} \wedge x_2 \in C^m_{r_2} \wedge \ldots \wedge x_n \in C^m_{r_n} \Rightarrow x_1 + x_2 + \ldots + x_n \in C^m_{r_1 + r_2 + \ldots + r_n}. \quad (3.3)$$

Beispiel 3.1 Es ist

$$C^8_3 = \{\ldots -21, -13, -5, 3, 11, 19, \ldots\},$$
$$C^8_4 = \{\ldots -12, -4, 4, 12, 20, \ldots\},$$
$$C^8_6 = \{\ldots -18, -10, -2, 6, 14, 22, \ldots\},$$
$$C^8_7 = \{\ldots -25, -17, -9, -1, 7, 15, 23, \ldots\}.$$

Alle Summen, deren einer Summand in C^8_3 und deren anderer Summand in C^8_4 liegt, gehören zur Klasse C^8_7:

$$(-21) + (-4) = -25, \quad 11 + 4 = 15, \quad 19 + (-12) = 7 \text{ usw.}$$

Weiter liegen alle Summen mit Summanden aus C^8_4 und C^8_7 in $C^8_{11} = C^8_3$:

$$(-12) + (-9) = -21, \quad 4 + 7 = 11, \quad (-4) + 23 = 19 \text{ usw.}$$

In Tab. 3.2 ist die Verknüpfungstafel für die m Klassen C_i aufgeschrieben, in die **Z** durch die Kongruenz modulo m zerfällt.

Tab. 3.2

+ (Modul m)	C_0	C_1	$C_2 \ldots C_{m-3}$	C_{m-2}	C_{m-1}
C_0	C_0	C_1	$C_2 \ldots C_{m-3}$	C_{m-2}	C_{m-1}
C_1	C_1	C_2	$C_3 \ldots C_{m-2}$	C_{m-1}	C_0
C_2	C_2	C_3	$C_4 \ldots C_{m-1}$	C_0	C_1
⋮	⋮	⋮	⋮ ⋮	⋮	⋮
C_{m-2}	C_{m-2}	C_{m-1}	$C_0 \ldots C_{m-5}$	C_{m-4}	C_{m-3}
C_{m-1}	C_{m-1}	C_0	$C_1 \ldots C_{m-4}$	C_{m-3}	C_{m-2}

Auf das Verknüpfungsgebilde $(\{C_0, C_1, \ldots, C_{m-1}\} +)$ lassen sich eine Reihe von Eigenschaften direkt aus (**Z**, +) übertragen.

Satz 3.4 Die Verknüpfung + über $\{C_{r_0}, C_{r_1}, \ldots, C_{r_{m-1}}\}$ (wobei $r_0, r_1, \ldots, r_m$ ein vollständiges Restsystem modulo m ist), besitzt die folgenden Eigenschaften

1. sie ist abgeschlossen,
2. sie ist assoziativ,
3. sie ist kommutativ,

B 4. es gibt ein eindeutig bestimmtes neutrales Element C_0 mit der Eigenschaft $C_0 + C_i = C_i + C_0 = C_i$ für alle C_i,

5. zu jeder Restklasse C_i gibt es eine eindeutig bestimmte Restklasse C_j, so daß $C_i + C_j = C_0$,

6. lineare Gleichungen der Form $C_i + C_x = C_j$ haben stets genau eine Lösung,

7. sie ist zyklisch – d. h., die einzelnen Zeilen ihrer Verknüpfungstafel (vgl. Tab. 3.2) gehen auseinander durch zyklische Vertauschung ineinander über.

B e w e i s (für die Aussagen 2., 4. und 6.; vgl. sonst Aufgabe 3.4).

2. Es sei $a \in C_i$, $b \in C_j$ und $c \in C_k$. Dann gilt $(a + b) + c = a + (b + c) = a + b + c$, also $(C_i + C_j) + C_k = C_{a+b+c} = C_i + (C_j + C_k)$.

4. Stets gilt $C_0 + C_i = C_{0+i} = C_i + C_0 = C_i$. C_0 ist also neutral. Ist C_e ein zweites neutrales Element, so gilt

$$C_e + C_0 = C_0, \text{ da } C_e \text{ neutral,}$$

$$C_e + C_0 = C_e, \text{ da } C_0 \text{ neutral.}$$

Also ist $C_0 = C_e$, es gibt kein von C_0 verschiedenes zweites neutrales Element.

6. Die Gleichung $C_i + C_x = C_j$ ist gleichwertig mit

$$i + x \equiv j(m), \quad \text{d. h. } i + x + q \cdot m + j.$$

Eine Lösung heißt $x = j - i$. Wir müssen weiter zeigen, daß alle x, die diese Kongruenz erfüllen, untereinander kongruent sind. Sei also

$$i + x_1 = q_1 \cdot m + j,$$

$$i + x_2 = q_2 \cdot m + j,$$

dann folgt

$$x_1 - x_2 = (q_1 - q_2)m, \text{ d. h. } x_1 \equiv x_2(m).$$

x_1 und x_2 liegen in derselben Klasse C_{j-i}.

Aufgabe 3.4 a) Stellen Sie die Verknüpfungstafel für die Restklassenaddition modulo 7 auf.

b) Untersuchen Sie alle Aussagen von Satz 3.4 an Beispielen aus dieser Tafel.

c) Beweisen Sie die unter 1., 3., 5. und 7. genannten Eigenschaften allgemein.

B e m e r k u n g 3.5. Die über den Restklassen modulo m definierte Addition stellt für alle m eine zyklische (und damit) kommutative Gruppe der Ordnung m dar.

3.4 Die Restklassenmultiplikation

Die Kongruenz modulo m ist über **Z** aber nicht nur mit der Addition, sondern auch mit der Multiplikation verträglich, denn es gilt

Satz 3.5 Sind C_i und C_j zwei beliebige Restklassen modulo m, so gibt es eine durch sie eindeutig bestimmte Restklasse C_k mit der folgenden Eigenschaft: Ist x beliebig aus C_i, y beliebig aus C_j, so wird stets $x \cdot y$ ein Element derselben Klasse C_k. B

B e w e i s. Die Voraussetzungen $x \in C_i$ und $y \in C_j$ können wir umschreiben zu $x = q_1 \cdot m + i$, $y = q_2 \cdot m + j$, so daß $x \cdot y = q \cdot m + i \cdot j$ mit $q = q_1 \cdot q_2 \cdot m + j \cdot q_1 + i \cdot q_2$.
$x \cdot y = q \cdot m + i \cdot j$ ist aber die Behauptung; denn stets gilt $x \cdot y \equiv i \cdot j(m)$, d. h., $x \cdot y$ liegt stets in der Restklasse $C_{i \cdot j}$.

Im Sinne von Bemerkung 3.3 können wir also die Multiplikation in **Z** auf die modulo m gebildeten Restklassen übertragen.

Tab. 3.3

$(m \doteq 8)$	C_0	C_1	C_2	C_3	C_4	C_5	C_6	C_7
C_0	C_0	C_0	C_0	C_0	C_0	C_0	C_0	C_0
C_1	C_0	C_1	C_2	C_3	C_4	C_5	C_6	C_7
C_2	C_0	C_2	C_4	C_6	C_0	C_2	C_4	C_6
C_3	C_0	C_3	C_6	C_1	C_4	C_3	C_2	C_5
C_4	C_0	C_4	C_0	C_4	C_0	C_4	C_0	C_4
C_5	C_0	C_5	C_2	C_7	C_4	C_1	C_6	C_3
C_6	C_0	C_6	C_4	C_2	C_0	C_6	C_4	C_2
C_7	C_0	C_7	C_6	C_5	C_4	C_3	C_2	C_1

In Tab. 3.3 ist die Multiplikationstafel modulo 8 aufgeschrieben. Man sieht, daß die Restklassenmultiplikation nicht so schöne Eigenschaften besitzt wie die Addition; denn erstens bestehen die jeweils 1. Spalte und 1. Zeile aus allein dem einen Element C_0 und zweitens gibt es Zeilen und Spalten in denen nur gewisse Restklassen auftreten. In der Zeile mit dem Kopf C_4 treten z. B. nur die Restklassen C_0 und C_4 auf. Allein in solchen Zeilen, die durch Restklassen bestimmt werden, deren Reste die zu 8 teilerfremden Zahlen 1, 3, 5 und 7 sind, kommen alle Restklassen vor.

Beschränken wir uns auf solche Restklassen, deren Reste zu 8 teilerfremd sind, so erhalten wir eine befriedigende Tafel (vgl. Tab. 3.4).

Tab. 3.4

$m \doteq 8$	C_1	C_3	C_5	C_7
C_1	C_1	C_3	C_5	C_7
C_3	C_3	C_1	C_7	C_5
C_5	C_5	C_7	C_1	C_3
C_7	C_7	C_5	C_3	C_1

B Diese Beobachtung gibt Anlaß zu

Definition 3.5 Die Zahlen $s_1, s_2, \ldots, s_k$ bilden ein *reduziertes Restsystem modulo m*, falls 1. $k = \varphi(m)$ die Anzahl der m teilerfremden Zahlen aus $\{0, 1, \ldots, m-1\}$ (vgl. Definition 2.1 und Fig. 2.5) ist und 2. alle s_i zu m teilerfremd und 3. paarweise inkongruent modulo m sind, d. h. formal

$$1.\ k = \varphi(m), \qquad 2.\ (s_i, m) = 1, \qquad 3.\ s_i \not\equiv s_j \Longleftrightarrow i \neq j.$$

Daß bei einer Beschränkung auf diese $\varphi(m)$ Restklassen $S_i (s_i \in S_i)$ in jeder Zeile und jeder Spalte genau alle Restklassen (und jede dann natürlich nur einmal) auftreten, folgt aus Satz 3.6. Zuvor aber definieren wir den Begriff Links- bzw. Rechtsverschiebung in einem Verknüpfungsgebilde (M, *).

Definition 3.6 In einem Verknüpfungsgebilde (M, *) mit $M = \{a_1, a_2, \ldots\}$ nennt man die Menge $\{a_i * a_1, a_i * a_2, \ldots\}$ eine *Linksverschiebung von M*, abgekürzt geschrieben a_iM. Entsprechend heißt $Ma_i = \{a_1 * a_i, a_2 * a_i, \ldots\}$ eine *Rechtsverschiebung von M*.

Die Elemente der Linksverschiebung a_iM findet man in der i-ten Zeile, die der Rechtsverschiebung in der i-ten Spalte der Verknüpfungstafel.

Satz 3.6 Die Linksverschiebung $S_iS = \{S_i \cdot S_1, S_i \cdot S_2, \ldots, S_i \cdot S_{\varphi(m)}\}$ der Restklassen $S = \{S_1, S_2, \ldots, S_{\varphi(m)}\}$ erzeugt lediglich eine Permutation von S.

Beweis. Wir müssen zeigen, daß für alle i, j, k aus dem reduzierten Restsystem gilt: 1. $(s_i \cdot s_j, m) = 1$ und 2. $s_i \cdot s_j \not\equiv s_i \cdot s_k (m) \Longleftrightarrow j \neq k$.
Zum Beweis von 1. ziehen wir die in Aufgabe 1.9f formulierte Aussage

$$(r_1, b) = 1 \wedge (r_2, b) = 1 \wedge \ldots \wedge (r_k, b) = 1 \Rightarrow (r_1 \cdot r_2 \cdot \ldots \cdot r_k, b) = 1$$

heran. Sie enthält für k = 2 direkt den ersten Beweisteil. Zum Beweis von 2. schreiben wir die linke Seite um in

$$s_i \cdot s_j - s_i \cdot s_k = q \cdot m, \quad \text{d. h. } s_i (s_j - s_k) = q \cdot m$$

oder $\quad m \mid s_i (s_j - s_k)$.

Nach Satz 1.13 können wir aber aus $m \mid s_i (s_j - s_k)$ wegen $(s_i, m) = 1$ auf $m \mid s_j - s_k$, d. h., auf $s_j \equiv s_k$ (m) schließen. Aus Definition 3.5 ist diese Äquivalenz aber genau nur für j = k erfüllt.

Entsprechend zeigen wir, daß auch von den $\varphi(m)$ Produkten $s_1 \cdot s_i, s_2 \cdot s_i, \ldots, s_{\varphi(m)} \cdot s_i$ keine zwei zueinander kongruent sind.

Nach dieser Vorbereitung ist es leicht, die in Satz 3.7 aufgezählten Eigenschaften der Restklassenmultiplikation zu beweisen (man vgl. die entsprechenden Eigenschaften der Restklassenaddition, d. h. Satz 3.4).

Satz 3.7 Die Verknüpfung „·" über $\{S_1, S_2, \ldots, S_k\}$ (wobei $k = \varphi(m)$, $s_i \in S_i$ und $s_1, s_2, \ldots, s_k$ ein reduziertes Restsystem modulo m ist) besitzt die folgenden Eigenschaften.

1. Sie ist abgeschlossen, **B**
2. sie ist assoziativ,
3. sie ist kommutativ,
4. S_1 ist das einzige neutrale Element,
5. Zu jeder (reduzierten) Restklasse S_i gibt es eine eindeutig bestimmte (reduzierte) Restklasse S_j, so daß $S_i \cdot S_j = S_1$,
6. lineare Gleichungen der Form $S_i \cdot S_x = S_j$ haben stets genau eine Lösung.

B e w e i s. Die ersten 3 Eigenschaften lassen sich – wie bei der Restklassenaddition – unmittelbar auf die entsprechenden Eigenschaften von $(\mathbf{Z}, \cdot)$ zurückführen.

Die Eigenschaft 6. ist weiterhin der Schlüssel zum Beweis der Eigenschaften 4. und 5. Sie wurde aber, ihrer Bedeutung wegen, vorweg als Satz 3.6 bewiesen.

Aufgabe 3.5 a) Beweisen Sie die Eigenschaften 1. bis 5. der Restklassenmultiplikation.

b) Zeigen Sie die Gültigkeit der beiden distributiven Gesetze

$$a \cdot (b + c) = a \cdot b + a \cdot c, \qquad (b + c) \cdot a = b \cdot a + c \cdot a$$

in der Menge aller Restklassen modulo m.

c) Untersuchen Sie das reduzierte Restsystem modulo m im Spezialfall, in dem m prim ist.

B e m e r k u n g 3.6. Satz 3.7 sagt, daß die Menge der Restklassen, deren Reste ein reduziertes Restsystem bilden, eine kommutative Gruppe der Ordnung $\varphi(m)$ bilden.

Ist m = p eine Primzahl, so bilden bereits alle Restklassen modulo p ohne C_0 eine kommutative Gruppe.

B e m e r k u n g 3.7. In der Algebra nennt man eine Menge M, in der zwei Verknüpfungen + und · definiert sind, einen R i n g, falls

1. (M, +) eine kommutative Gruppe ist,
2. (M, ·) assoziativ ist und
3. in (M, +, ·) die zwei distributiven Gesetze

$$a \cdot (b + c) = a \cdot b + a \cdot c, \qquad (b + c) \cdot a = b \cdot a + c \cdot a$$

erfüllt sind.

Die Menge der Restklassen zu einem beliebigen Modul m bildet also bezüglich + und · stets einen Ring.

Im Fall m = p, in dem p prim ist, bildet die Menge der Restklassen sogar einen K ö r p e r, da $M \setminus \{C_0\}$ ebenfalls eine kommutative Gruppe darstellt.

Aufgabe 3.6 Schreiben Sie die Verknüpfungstafeln der Restklassenmultiplikation über den Klassen eines reduzierten Restsystems für m = 11 und m = 12 auf.

Aufgabe 3.7 Zu zeigen ist

a) $a \equiv b(m) \wedge (a, m) = 1 \Rightarrow (b, m) = 1$,

b) $a \cdot x \equiv a \cdot y(m) \wedge (a, m) = 1 \Longleftrightarrow x \equiv y(m)$,

B c) $(a, m \cdot k) = 1 \Longleftrightarrow (a, m) = 1 \wedge (a, k) = 1$,

d) $a \equiv b(m) \wedge c \equiv d(m) \Rightarrow a \cdot c \equiv b \cdot d(m)$,

e) $a \equiv b(m) \Rightarrow a \equiv b(k)$ für alle Teiler k von m.

Aufgabe 3.8 Zu zeigen ist: In jedem vollständigen Restsystem gibt es stets genau $\varphi(m)$ zu m teilerfremde Zahlen.

3.5 Die Eulersche φ-Funktion

Im Zusammenhang mit den Untersuchungen über Restklassen trat im vorhergehenden Abschnitt die Eulersche φ-Funktion erneut in den Vordergrund, deren Bedeutung bereits bei der Entwicklung von Brüchen in Systembrüche erkennbar wurde. So sagt z. B.

Satz 2.9 aus, daß die Länge der Periode der Systembruchentwicklung von $\frac{m}{n}$ ein Teiler von $\varphi(n)$ ist.

Einige der in Abschn. 2.5 bewiesenen Sätze treten hier erneut, aber in einem anderen inhaltlichen Bezug und dementsprechend neuen Beweisideen auf. Zu diesen Sätzen zählt

Satz 3.8 (Satz von Euler): Für alle a mit $(a, m) = 1$ gilt

$$a^{\varphi(m)} \equiv 1(m).$$

Beweis. Wir betrachten ein reduziertes Restsystem modulo m – $s_1, s_2, \ldots, s_\varphi$. Ist a einer dieser Reste, so bewirkt die Linksverschiebung der $\varphi(m)$ Restklassen modulo m durch C_a lediglich eine Permutation dieser Restklassen.
Daher gilt

$$(a \cdot s_1) \cdot (a \cdot s_2) \cdot \ldots \cdot (a \cdot s_\varphi) = a^{\varphi(m)} \cdot s_1 \cdot s_2 \cdot \ldots \cdot s_\varphi \equiv s_1 \cdot s_2 \cdot \ldots \cdot s_\varphi(m).$$

Da mit $(s_i, m) = 1$ für alle i auch $(s_1 \cdot s_2 \cdot \ldots \cdot s, m) = 1$ ist (vgl. Aufgabe 1.9f) folgt nach Aussage b) von Aufgabe 3.7 die Behauptung.

Satz 3.9 (Satz von Fermat) Ist p eine Primzahl, so gilt für alle a mit $(a, m) = 1$

$$a^{p-1} \equiv 1(p).$$

Beweis. Dies ist ein Sonderfall von Satz 3.8.

Satz 3.10 (Satz von Wilson) Ist p eine Primzahl, so gilt

$$(p-1)! \equiv -1(p).$$

Beweis. Das einfachste reduzierte Restsystem modulo p besteht aus den $p - 1$ Zahlen $1, 2, \ldots, p - 1$. In Aussage 5 von Satz 3.7 wird festgestellt, daß es zu jeder Restklasse C_i eine inverse C_j gibt, so daß $C_i \cdot C_j = C_1$. In der Menge der Zahlen 1, 2, $\ldots, p - 1$ gibt es also zu jedem i einen Partner j, so daß $i \cdot j \equiv 1(p)$ gilt. Diese Zahlen i, j sind aber verschieden – mit Ausnahme von 2 Fällen, nämlich $i = j = 1$ und $i = j = p - 1$.

B

In allen anderen Fällen finden wir $i-1$ und $i+1$, beide in $\{1, 2, \ldots, p-1\} \setminus \{1, p-1\}$, d. h. in $\{2, 3, \ldots, p-2\}$. Für diese gilt $C_{i-1} \cdot C_{i+1} = C_{i^2-1}$, so daß i^2-1 kongruent ist zu einer der Zahlen $\{1, 2, \ldots, p-1\}$. Das liegt an der Abgeschlossenheit der Restklassenmultiplikation in der Menge der reduzierten Restklassen. i^2-1 ist als Element aus $\{2, 3, \ldots, p-2\}$ inkongruent zu 0, d. h., es ist $i^2 \not\equiv 1 (p)$.

In dem Produkt $1 \cdot 2 \cdot 3 \cdot \ldots \cdot p-1$ gibt es also Paare von verschiedenen Faktoren, deren Produkt kongruent 1 modulo p ist. Also gilt

$$(p-1)! \equiv 1 \cdot (p-1)\,(p) \Longleftrightarrow (p-1)! \equiv -1\,(p).$$

Aufgabe 3.9 Gesucht sind Paare i, j

a) aus $\{2, 3, 4, 5\}$, so daß $i \cdot j \equiv 1\ (7)$,

b) aus $\{2, 3, \ldots, 11\}$, so daß $i \cdot j \equiv 1\ (13)$,

c) aus $\{2, 3, \ldots, 15\}$, so daß $i \cdot j \equiv 1\ (17)$.

Aufgabe 3.10 (Verallgemeinerung des Satzes von Wilson) Man betrachte (bei p prim) p aufeinander folgende ganze Zahlen und lösche das unter ihnen auftauchende einzige Vielfache von p. Dann ist das Produkt der übrigen kongruent -1 modulo p. Beispiel $4 \cdot 5 \cdot 6 \cdot 7 \cdot 8 \cdot 9 \cdot 10 \cdot 12 \cdot 13 \cdot 14 \equiv -1\ (11)$.

Satz 3.11 Ist $(k, m) = 1$, so gilt $\varphi(m \cdot k) = \varphi(m) \cdot \varphi(k)$.

B e w e i s. Auf einer Zahlengeraden tragen wir m Strecken mit der Länge von je k Einheiten ab (Fig. 3.4). Auf der ersten Strecke markieren wir die $\varphi(k)$ zu m teilerfremden

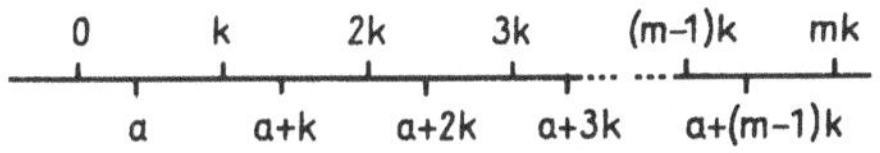

0 k 2k 3k (m-1)k mk

a a+k a+2k a+3k a+(m-1)k

Fig. 3.4

Zahlen. a sei eine von ihnen. Dann markieren wir alle m Zahlen $a + q \cdot k$ mit $0 \leqslant q \leqslant m-1$.

Diese m Zahlen stellen ein vollständiges Restsystem modulo m dar; denn wären 2 von ihnen modulo m kongruent, so hätte ihre Differenz einerseits die Form $r \cdot m$, andererseits aber die Form $(q_i - q_j)\,k$ –, also würde $m \mid (q_i - q_j)\,k$ gelten, woraus (wegen $(m, k) = 1$, Satz 1.13) $m \mid q_i - q_j$ folgte. Da q_i, q_j aus $\{0, 1, 2, \ldots, m-1\}$, ist dies nur für $q_i = q_j$ möglich.

Jetzt nehmen wir die Aussage hinzu, die in Aufgabe 3.8 bewiesen wurde. Danach enthält jede der $\varphi(k)$ Folgen ihrerseits $\varphi(m)$ Zahlen, die sowohl zu k als auch zu m und daher auch zu $m \cdot k$ teilerfremd sind.

Andere Zahlen im Intervall von 0 bis m k dieser Art kann es aber nicht geben.

Satz 3.12 Ist $m = q_1^{\alpha_1} \cdot p_2^{\alpha_2} \cdot \ldots \cdot p_n^{\alpha_n}$ mit $\alpha_i > 0$ die Primzahlzerlegung von m, so gilt

$$\varphi(m) = m \cdot \left(1 - \frac{1}{p_1}\right) \cdot \left(1 - \frac{1}{p_2}\right) \cdot \ldots \cdot \left(1 - \frac{1}{p_n}\right).$$

B e w e i s. Wir führen den Beweis mit Hilfe der vollständigen Induktion nach n, der Anzahl der verschiedenen Primzahlen. A(n) ist also die Aussage, daß die Anzahl $\varphi(m)$

B für alle m, in deren Primzahlzerlegung genau n verschiedene Primzahlen mit positiven Exponenten auftreten, sich nach der angegebenen Formel berechnen läßt.

Wir prüfen zuerst A(1): Für alle Primzahlpotenzen p mit positiver Hochzahl gilt:

$$\varphi(p^\alpha) = p^\alpha \left(1 - \frac{1}{p}\right) = p^\alpha - p^{\alpha-1}.$$

Alle p^α-Zahlen $1, 2, \ldots, p^\alpha$ sind zu p teilerfremd, sofern sie nicht selbst Vielfache von p darstellen. Vielfache von p sind aber die Zahlen $1 \cdot p, 2 \cdot p, \ldots, p^{\alpha-1} \cdot p$. Das sind $p^{\alpha-1}$ Zahlen aus $\{1, 2, \ldots, p^\alpha\}$. Daher ist tatsächlich $\varphi(p^\alpha) = p^\alpha - p^{\alpha-1}$.

Jetzt müssen wir A(n + 1) aus A(n) herleiten. Dazu gehen wir von einem beliebigen Produkt aus n + 1 verschiedenen Primzahlpotenzen aus. Es sei

$$m = p_1^{\alpha_1} \cdot p_2^{\alpha_2} \cdot \ldots \cdot p_n^{\alpha_n} \cdot p_{n+1}^{\alpha_{n+1}}.$$

m zerlegen wir in die zwei teilerfremden Faktoren

$$u = p_1^{\alpha_1} \cdot p_2^{\alpha_2} \cdot \ldots \cdot p_n^{\alpha_n} \quad \text{und} \quad v = p_{n+1}^{\alpha_{n+1}}.$$

Auf u können wir A(n), auf v aber A(1) anwenden und auf das Produkt selbst, da (u, v) = 1, Satz 3.10.

Dann folgt mit

$$\begin{aligned}\varphi(u \cdot v) &= u \cdot \left(1 - \frac{1}{p_1}\right) \cdot \ldots \cdot \left(1 - \frac{1}{p_n}\right) \cdot v \cdot \left(1 - \frac{1}{p_{n+1}}\right) \\ &= u \cdot v \left(1 - \frac{1}{p_1}\right) \cdot \ldots \cdot \left(1 - \frac{1}{p_n}\right) \left(1 - \frac{1}{p_{n+1}}\right)\end{aligned}$$

die behauptete Beziehung A(n + 1). Der Beweis läßt sich stark vereinfachen, vgl. Aufgabe 3.12.

Eine letzte interessante Anwendung der Euler-Funktion liefert

Satz 3.13 Sind $t_1, t_2, \ldots, t_k$ sämtliche Teiler von m, so gilt

$$m = \varphi(t_1) + \varphi(t_2) + \ldots + \varphi(t_k).$$

B e w e i s. Wieder führen wir den Beweis induktiv nach n in

$$m_n = p_1^{\alpha_1} \cdot p_2^{\alpha_2} \cdot \ldots \cdot p_n^{\alpha_n}.$$

Zuerst prüfen wir A(1). Da $m_1 = p^\alpha$ die Teiler $1, p^1, p^2, \ldots, p^\alpha$ besitzt, lautet die Behauptung

$$\varphi(1) + \varphi(p) + \ldots + \varphi(p^\alpha) = p^\alpha = m_1.$$

Nach der Aussage A(1) im Beweis des vorhergehenden Satzes ist aber diese Summe

$$\begin{aligned}&1 + (p - 1) + (p^2 - p) + \ldots + (p^{\alpha-1} - p^{\alpha-2}) + (p^\alpha - p^{\alpha-1}) \\ &= 1 + p - 1 + p^2 - p + \ldots + p^{\alpha-1} - p^{\alpha-2} + p^\alpha - p^{\alpha-1} = p^\alpha,\end{aligned}$$

da jeweils 2 der Glieder die Summe 0 liefern.

Sei jetzt $m_{n+1} = p_1^{\alpha_1} \cdot p_2^{\alpha_2} \cdot \ldots \cdot p_n^{\alpha_n} \cdot p_{n+1}^{\alpha_{n+1}}$ mit irgendwelchen Primzahlen und irgendwelchen positiven Potenzen vorgegeben. Wie im Beweis des vorhergehenden Satzes zerlegen wir m_{n+1} in 2 Faktoren u und v: B

$$u = p_1^{\alpha_1} \cdot \ldots \cdot p_n^{\alpha_n} \quad \text{und} \quad v = p^{\alpha}.$$

(Wir lassen dabei die Indizes n + 1 weg, um den Text zu entlasten.)

Wir nennen die sämtlichen Teiler von u der Reihe nach $t_1, t_2, \ldots, t_k$. Dann gilt nach der Induktionsvoraussetzung A(n)

$$u = \varphi(t_1) + \varphi(t_2) + \ldots + \varphi(t_k). \tag{3.4}$$

Dann schreiben wir alle Teiler von m_{n+1} auf. Da p^{α} die Teiler $p^0, p^1, p^2, \ldots, p^{\alpha}$ besitzt, erhalten wir alle Teiler von m_{n+1}, wenn wir alle t_i aus $\{t_1, t_2, \ldots, t_k\}$ mit allen Potenzen p^j multiplizieren. Alle Teiler von m_{n+1} sind also

$$\begin{array}{lllll} t_1 \cdot p^0, & t_1 \cdot p^1, & t_1 \cdot p^2, & \ldots & t_1 p^{\alpha} \\ t_2 \cdot p^0, & t_2 \cdot p^1, & t_2 \cdot p^2, & \ldots & t_2 p^{\alpha} \\ \vdots & & & & \\ t_k \cdot p^0, & t_k \cdot p^1, & t_k \cdot p^2, & \ldots & t_k p^{\alpha}. \end{array}$$

Von diesen Produkten müssen wir jetzt die φ-Werte bestimmen, die wir dann zu einer Summe S addieren. Da stets $(t_i, p^j) = 1$, können wir Satz 3.10 anwenden. In den Produkten $\varphi(t_1) \cdot \varphi(p^j)$ der ersten Zeile können wir $\varphi(t_1)$ ausklammern, in der zweiten Zeile können wir $\varphi(t_2)$ ausklammern usw. Auf diese Weise erhalten wir

$$\begin{aligned} S = {} & \varphi(t_1)\,[\varphi(p^0) + \varphi(p^1) + \ldots + \varphi(p^{\alpha})] \\ & + \varphi(t_2)\,[\varphi(p^0) + \varphi(p^1) + \ldots + \varphi(p^{\alpha})] \\ & \vdots \\ & + \varphi(t_k)\,[\varphi(p^0) + \varphi(p^1) + \ldots + \varphi(p^{\alpha})]. \end{aligned}$$

Die in jeder Zeile auftretende eckige Klammer hat nach der Aussage A(1) den Wert $p^{\alpha} = v$, so daß

$$S = \{\varphi(t_1) + \varphi(t_2) + \ldots + \varphi(t_k)\} \cdot v$$

wird. Nach (3.4) hat aber die geschweifte Klammer den Wert u, so daß $S = u \cdot v$. Das aber ist genau die Aussage A(n + 1).

Aufgabe 3.11 Berechnen Sie $\varphi(m)$ für $m_1 = 72$ und $m_2 = 100$

a) durch Aufschreiben der zu m_1 bzw. m_2 teilerfremden Zahlen,

b) mit Hilfe von Satz 3.11.

Aufgabe 3.12 a) Bestätigen Sie Satz 3.12 für $m_1 = 48$ und $m_2 = 49$.

b) Führen Sie den Beweis mit Hilfe von Satz 3.11.

B

3.6 Lösungen von Kongruenzen

Im Zusammenhang mit der Restklassenmultiplikation haben wir nachgewiesen, daß in der Menge der reduzierten Restklassen $S_1, S_2, \ldots, S_{\varphi(m)}$ modulo m jede lineare Gleichung der Form

$$S_i \cdot S_x = S_j$$

stets genau eine Lösung besitzt. Übertragen wir diesen Sachverhalt auf die reduzierten Reste $s_1, s_2, \ldots, s_\varphi$, so bedeutet dies, daß in der Menge eines reduzierten Restsystems modulo m die Lösungen der Kongruenz

$$s_i \cdot s_x \equiv s_j(m)$$

die Gesamtheit der Elemente einer reduzierten Restklasse bilden. Dabei dürfen wir – ohne die Lösungsgesamtheit zu beeinflussen – s_i sowohl als auch s_j durch jede andere zu ihr modulo m kongruente Zahl ersetzen.

Diesen Sachverhalt finden wir wieder, auch wenn wir die Voraussetzungen dadurch abschwächen, daß wir die Bedingung $(s_j, m) = 1$ fallen lassen. Es gilt nämlich

Satz 3.14 Es gibt eine Restklasse C_x, deren Elemente genau die Gesamtheit der Lösungen der Kongruenz

$$ax \equiv c(m) \quad \text{mit} \quad (a, m) = 1 \tag{3.5}$$

darstellen.

B e w e i s. Wegen $\varphi(m) \geqslant 1$ und nach dem Satz von Euler ist $a^{\varphi(m)-1} \cdot c = x_1$ eine Lösung von (3.5), denn $a \cdot (a^{\varphi(m)-1} \cdot c) = (a \cdot a^{\varphi(m)-1}) \cdot c \equiv a^{\varphi(m)} \cdot c \equiv 1 \cdot c(m)$.
Sei nun x eine zweite Lösung von (3.5) neben x_1, so folgt

$$ax \equiv ax_1(m), \quad \text{also} \quad m \mid a(x - x_1).$$

Da wir $(a, m) = 1$ vorausgesetzt haben, folgt daraus

$$m \mid x - x_1 \quad \text{und daher} \quad x \equiv x_1(m).$$

Alle Lösungen x liegen mit x_1 in einer Restklasse modulo m. Jedes Element dieser Restklasse ist aber auch eine Lösung, da aus $x \equiv x_1(m)$ auch umgekehrt $ax_1 \equiv ax(m)$ folgt.

Wir können auch noch die Bedingung $(a, m) = 1$ fallen lassen und ganz allgemein nach der Gesamtheit von Lösungen von Kongruenzen

$$ax \equiv c(m) \tag{3.6}$$

fragen. Es wird sich zeigen, daß – wenn überhaupt Lösungen vorliegen – die Gesamtheit der Lösungen wieder eine Restklasse füllt.

Wir setzen in der folgenden Untersuchung $(a, m) = t$. Schreiben wir (3.6) um in die Form

$$a \cdot x - c = q \cdot m, \quad \text{d. h.} \quad c = a \cdot x - q \cdot m, \tag{3.7}$$

so erkennt man, daß aus $t \mid a \wedge t \mid m$ als notwendige Lösungsbedingung $t \mid c$ folgt. Wir notieren:

Im Fall t = 1 hat die Kongruenz (3.6) Lösungen, die in ihrer Gesamtheit eine Restklasse modulo m füllen. **B**

Im Fall $t > 1$ und $t \nmid c$ besitzt die Kongruenz (3.6) keine Lösung.

Wir betrachten den letzten Fall, nämlich $t > 1$ und $t \mid c$. Jetzt läßt sich (3.6) auf (3.5) zurückführen, wenn wir $a = \alpha \cdot t$, $m = \mu \cdot t$ und $c = \gamma \cdot t$ setzen. Aus Kapitel 1, Bemerkung 1.6 wissen wir, daß $t = (a, m) \Longleftrightarrow (\alpha, \mu) = 1$; und da (3.7) zu $t \cdot \gamma = t(\alpha x - q\mu)$, d. h. zu $\gamma = \alpha x - q\mu$, also

$$\alpha x \equiv \gamma(\mu) \quad \text{mit } (\alpha, \mu) = 1 \tag{3.8}$$

wird, können wir den Satz 3.14 anwenden und wir finden

Satz 3.15 Bei der Lösung der Kongruenz

$$ax \equiv c(m)$$

müssen wir 2 Fälle unterscheiden.

1. *Fall*: $(a, m) \nmid c$ – dann gibt es keine Lösungen.
2. *Fall*: $(a, m) = t \wedge t \mid c$: Wir bilden $a = \alpha \cdot t$, $m = \mu \cdot t$ und $c = \gamma \cdot t$, und die Gesamtheit der Lösungen bildet die Restklasse C_x^{μ}. Darin ist $x \equiv \alpha^{\varphi(\mu)-1}\gamma(\mu)$.

Bemerkung 3.8. Das in Satz 1.15 ausgesprochene Ergebnis fanden wir bereits in der Theorie der *diophantischen Gleichungen* (vgl. Satz 1.10). Dort betrachten wir die Gleichung

$$ax + by = c \quad \text{mit } a, b \text{ ganz.}$$

Wir können sie direkt in (3.4) übersetzen, wenn wir b mit m identifizieren. (Statt y haben wir dort immer q geschrieben.) Dort wie hier ist $(a, m) = (a, b) \mid c$ eine notwendige und hinreichende Lösungsbedingung. Die in Satz 1.10 genannte Lösungsgesamtheit war

$$x = \gamma x_1 + k\beta^* \quad \text{mit } k \in \mathbf{Z},$$

wobei $\gamma x_1 = x^*$ eine spezielle Lösung von $ax + by = c$, d. h., in unserer Sprache von $ax \equiv c(b)$ darstellte. Wegen $x = x^* + k\beta^*$ unterscheiden sich alle anderen Lösungen von ihr um ganzzahlige Vielfache von β^*, das aber wegen $b = m$, $b = \beta^* \cdot t$, $m = \mu t$, genau unserem hier gefundenen Modul μ entspricht.

An zwei Beispielen wollen wir am Schluß dieses Abschnitts noch die Frage der praktischen Berechnung der Lösungsgesamtheit in konkreten Fällen illustrieren. Wir lösen den Rechengang in 6 Schritte auf, von denen einzelne in speziellen Fällen unnötig sein können.

Gegeben sei $ax \equiv c(m)$.

1. *Schritt*: Falls $a > m$, dann zerlegen wir a nach m, $a = q \cdot m + a'$ mit $0 \leqslant a' < m$ und vereinfachen die gegebene Kongruenz zu $a'x \equiv c(m)$.
2. *Schritt*: Prüfen der Lösbarkeitsbedingung $(a', m) = t \mid c$.
3. *Schritt*: Im Fall $t > 1$ Übergang zu

$$\alpha x \equiv \gamma(\mu) \quad \text{mit } a' = \alpha t,\ c = \gamma t,\ m = \mu t.$$

B 4. Schritt. **Wir berechnen y aus $\alpha y \equiv 1\,(\mu)$; x hat dann den Wert $y \cdot \gamma$.**
5. Schritt: **Falls $x > \mu$ (entsprechend Schritt 1), x darstellen durch μ:**

$$x = q \cdot \mu + r \quad \text{mit } 0 \leqslant r < \mu.$$

6. Schritt: **Aufschreiben der Lösungsgesamtheit**

$$C_r^{\mu} = \{r, r \pm \mu, r \pm 2\,\mu, \ldots\}.$$

Beispiel 3.2 Gegeben ist $15\,x \equiv 18\,(21)$.
1. Schritt: entfällt, da $15 < 21$.
2. Schritt: $(15, 21) = 3$; $3 \mid 18$, also Lösbarkeitsbedingung erfüllt.
3. Schritt: $5\,x \equiv 6\,(7)$.
4. Schritt: $5\,y \equiv 1\,(7)$.

Gefragt ist also nach der Zahl aus dem 1 x 5, die um 1 größer ist als ein Vielfaches von 7. Wir finden $y = 3$ und damit $x = 18$.

5. Schritt: $18 = 2 \cdot 7 + 4$, also $r = 4$.
6. Schritt: $C_4^7 = \{\ldots, -10, -3, 4, 11, 18, \ldots\}$.

Beispiel 3.3 Gegeben ist $318\,x \equiv 87\,(123)$.
1. Schritt: $318 = 2 \cdot 123 + 72$, also vereinfachen zu $72\,x \equiv 87\,(123)$.
2. Schritt: $(72, 123) = 3$, $3 \mid 87$, also Lösbarkeitsbedingung erfüllt.
3. Schritt: $24\,x \equiv 29\,(41)$.
4. Schritt: $24\,y \equiv 1\,(41)$.

Da $2 \cdot 24 = 48 \equiv 7\,(41)$, ist $(6 \cdot 2) \cdot 24 \equiv 6 \cdot 7 \equiv 1\,(41)$. Es ist also $y = 12$ und $x = 29 \cdot 12 = 348$.

5. Schritt: $348 = 8 \cdot 41 + 20$, also ist $r = 20$.
6. Schritt: $C_r^{\mu} = \{\ldots, -62, -21, 20, 61, 102, \ldots\} = C_{20}^{41}$.

Der Schritt, der etwas Fingerspitzengefühl verlangt, ist die Lösung der Kongruenz

$$\alpha y \equiv 1\,(\mu).$$

Hier gibt es kaum Rezepte. Die Lösung $y = \alpha^{\varphi(\mu)-1}$ ist praktisch wertlos. Im Beispiel wäre 24^{40} zu berechnen gewesen. Da wir aber nur eine Zahl brauchen, die zu 24^{40} kongruent modulo 41 ist, liefert uns – wie wir sogleich sehen werden – diese Potenz auch direkte, wenn auch oft nicht weniger mühselige Wege an.

Aufgabe 3.13 Untersuchen Sie die Gesamtheit der Lösungen der Kongruenzen
a) $5\,x \equiv 12\,(15)$; b) $6\,x \equiv 12\,(15)$; c) $7\,x \equiv 12\,(15)$.

Aufgabe 3.14 Bestimmen Sie die kleinste Zahl x für die $200\,x \equiv 68\,(116)$ gilt.

3.7 Nichtlineare Kongruenzen, Teilbarkeitsregeln

B

Wir beginnen diese Untersuchungen damit, daß wir im folgenden Satz grundlegende Eigenschaften der Kongruenzrelation in veränderter Sichtweite zusammenfassen und ergänzen.

Satz 3.16 Unter der Voraussetzung $a \equiv b(m)$ und $a_0 \equiv b_0(m)$ gilt

1. $a + a_0 \equiv b + b_0(m)$ (vgl. Satz 3.3),
2. $a \cdot a_0 \equiv b \cdot b_0(m)$ (vgl. Satz 3.5),
3. $ka \equiv kb \quad (m)$ für alle $k \in \mathbf{N}$,
4. $a^k \equiv b^k \quad (m)$ für alle $k \in \mathbf{N}$.

Gibt weiter $a_i \equiv b_i(m)$ für alle $i \in \mathbf{N}_0$, so folgt außerdem

5. $a + a_0 + a_1 + \ldots + a_n \equiv b + b_0 + b_1 + \ldots + b_n(m)$ für alle $n \in \mathbf{N}_0$,
6. $a \cdot a_0 \cdot a_1 \cdot \ldots \cdot a_n \equiv b \cdot b_0 \cdot b_1 \cdot \ldots \cdot b_n(m)$ für alle $n \in \mathbf{N}_0$,
7. $a_0 \cdot a^n + a_1 \cdot a^{n-1} + \ldots + a_n \cdot a^0 \equiv b_0 \cdot b^n + b_1 \cdot b^{n-1} + \ldots + b_n \cdot b^0(m)$.

B e w e i s. Die gemeinsame Voraussetzung der ersten 4 Teilaussagen schreiben wir in der Form

$$a = b + q \cdot m, \qquad a_0 = b_0 + q_0 \cdot m,$$

und dann finden wir sofort

1. $a + a_0 = b + b_0 + (q + q_0)m$,
2. $a \cdot a_0 = b \cdot b_0 + (bq_0 + b_0q + qq_0m)m$.

Die Aussage 3. ergibt sich sukzessiv aus 1., wenn wir dort im 1. Schritt $a_0 = a$ und $b_0 = b$ setzen; denn dann folgt aus 1.

$$2a \equiv 2b(m)$$

Im 2. Schritt setzen wir $a_0 = 2a$, $b_0 = 2b$ und finden – wieder aus 1. –

$$3a \equiv 3b(m),$$

und das läßt sich beliebig oft so weiterführen.

Entsprechend ergibt sich die Aussage 4. aus 2., wenn wir dort im 1. Schritt wieder $a_0 = a$ und $b_0 = b$ setzen, dann folgt

$$a^2 \equiv b^2(m).$$

Im 2. Schritt setzen wir $a_0 = a^2$ und $b_0 = b^2$ und finden – wieder aus 2. –

$$a^3 \equiv b^3(m) \quad \text{usw.}$$

Den Beweis von 7. führen wir ausführlich mit vollständiger Induktion. Die natürliche Zahl, nach der wir die Induktion führen, ist das n in

B $A(n): a \equiv b(m)$ und $a_i \equiv b_i(m)$ für alle $i \leqslant n, i \in \mathbf{N}_0$

$$\Rightarrow a_0 a^n + a_1 a^{n-1} + \ldots + a_n a^0 \equiv b_0 b^n + b_1 b^{n-1} + \ldots + b_n b^0 (m).$$

I n d u k t i o n s a n f a n g. $A(1)$ ist wahr; denn es gilt

$$a_0 a + a_1 \equiv b_0 b + b_1 (m).$$

Zunächst nämlich folgt aus $a \equiv b(m)$ und $a_0 \equiv b_0(m)$ aus 2., daß

$$a_0 a \equiv b_0 b(m).$$

Da außerdem $a_1 \equiv b_1 (m)$, folgt aus 1. weiter

$$a_0 a + a_1 \equiv b_0 b + b_1 (m).$$

I n d u k t i o n s s c h r i t t. Aus $A(n)$ soll $A(n+1)$ abgeleitet werden, wenn zusätzlich zur Voraussetzung von $A(n)$ noch $a_{n+1} \equiv b_{n+1} (m)$ hinzugenommen wird. Wegen $a \equiv b(m)$ folgt aus $A(n)$ und 2., daß

$$a_0 a^{n+1} + a_1 a^n + \ldots + a_n a^1 \equiv b_0 b^{n-1} + b_1 b^n + \ldots + b_n b^1 (m)$$

gilt. Wenn $a_{n+1} \equiv b_{n+1} (m)$ folgt daraus mit Hilfe von 1. (wegen $a^0 = b^0 = 1$)

$$a_0 a^{n+1} + a_1 a^n + \ldots + a_n a^1 + a_{n+1} a^0 \equiv b_0 b^{n+1} + b_1 b^n + \ldots + b_n b^1 + b_{n+1} b^0 (m$$

Aufgabe 3.15 Beweisen Sie die Aussagen 5. und 6. von Satz 3.16 induktiv.

Aufgabe 3.16 Zu zeigen:

Aus $a^n \equiv 1 (m)$

und $k \equiv r(n)$

folgt $a^k \equiv a^r (m)$.

Satz 3.16 hat im Zusammenspiel mit der Aussage in Aufgabe 3.16 vielseitige Konsequenzen. Er erlaubt uns zuerst, Potenzen hinsichtlich ihrer Kongruenz modulo m zu vergleichen. Wir erläutern dies an einigen Beispielen.

Beispiel 3.4 Wegen $\varphi(10) = 4$ und $(3, 10) = 1$ ist nach dem Satz von Euler (Satz 3.8)

$$3^4 \equiv 1 (10).$$

Da $119 \equiv 3 (4)$,

folgt $3^{119} \equiv 3^3 \equiv 7 (10)$.

3^{119} endet also in dezimaler Schreibweise mit der Ziffer 7.

Beispiel 3.5 Wegen $\varphi(16) = 8$ und $(11, 16) = 1$ folgt

$$11^8 \equiv 1 (16).$$

Da weiter $396 \equiv 4 (8)$, folgt nach Aufgabe 3.16

$$11^{396} \equiv 11^4 (16) \qquad (*)$$

B

Nun ist aber $11 \equiv -5\ (16)$ also $11^2 \equiv 25 \equiv 9\ (16)$ und daher

$$11^4 \equiv 9^2 \equiv 1\ (16) \quad (\text{da } 81 = 5 \cdot 16 + 1) \qquad (**)$$

Aus (*) und (**) folgt aber

$$11^{396} \equiv 1\ (16).$$

Bemerkung 3.9. Im vorigen Abschnitt fanden wir im Fall $(a, m) = 1$ eine Lösung von $ax \equiv c(m)$ in der Form $x = a^{\varphi(m)-1} \cdot c$. Wir haben damit eine weitere Möglichkeit, eine Lösung zu bestimmen.

Beispiel 3.3 (Fortsetzung) Wegen $\varphi(41) = 40$ sind alle Lösungen von

$$24\,x \equiv 29\ (41)$$

zu $24^{39} \cdot 29$ modulo 41 kongruent. Wir versuchen, derartige Zahlen zu bestimmen und berechnen der Reihe nach

$$2 \cdot 24 = 48 \equiv 7\ (41),$$

also $6 \cdot 2 \cdot 24 \equiv 42 \equiv 1\ (41)$,

d. h. $24^2 = 2 \cdot 6 \cdot 2 \cdot 24 \equiv 2\ (41)$

und damit $\underline{24^{38} \equiv 2^{19}\ (41)}$ (*)

Wegen $2^5 = 32 \equiv -9\ (41)$

ist
$$2^{10} \equiv 81 \equiv -1\ (41)$$
$$2^{15} \equiv 9\ (41)$$
$$2^{16} \equiv 18\ (41)$$
$$2^{17} \equiv -5\ (41)$$
$$2^{18} \equiv -10\ (41)$$
$$\underline{2^{19} \equiv -20\ (41) \equiv 21\ (41)} \qquad (**)$$

Die Zeilen (*) und (**) liefern

$$\underline{24^{38} \equiv 21\ (41)} \qquad (***)$$

Weiter ist
$$24 \equiv -17\ (41)$$
$$29 \equiv -12\ (41)$$
$$\underline{24 \cdot 29 \equiv 204 \equiv -1\ (41)} \qquad (****)$$

Die Zeilen (***) und (****) liefern schließlich

$$24^{39} \cdot 29 \equiv -21 \equiv 20\ (41).$$

Dieses Ergebnis fanden wir bereits früher auf einem bedeutend einfacheren Weg.

Beispiel 3.6 Es soll untersucht werden, ob $A = 27^{27^{27}}$ dieselbe Einerziffer wie $B = \left(27^{27}\right)^{27}$ besitzt.

Da $B = \left(27^{27}\right)^{27} = 27^{27 \cdot 27}$ ist, handelt es sich in beiden Fällen um Potenzen von 27, die modulo 10 zu untersuchen sind. Wegen $\varphi(10) = 4$ ist

$$27^4 \equiv 1\ (10).$$

Um Satz 3.16 anwenden zu können, suchen wir kleine Zahlen a bzw. b so zu bestimmen, daß

$$27 \cdot 27 \equiv b\ (4) \quad \text{und} \quad 27^{27} \equiv a\ (4)$$

gilt. Dann ist $B \equiv 27^b\ (10)$ und $A \equiv 27^a\ (10)$. Wegen $27 \equiv 3\ (4)$ ist $27 \cdot 27 \equiv 9 \equiv 1\ (4)$, also $b = 1$, während wegen $27^2 \equiv 1\ (4)$ auch $27^{26} \equiv 1\ (4)$ und daher

$$27^{27} \equiv 27 \equiv 3\ (4),$$

also $a = 3$ ist. Daraus folgt $B \equiv 27 \equiv 7\ (10)$ und $A \equiv 27^3 \equiv (-3)^3 \equiv -27 \equiv 3\ (10)$.

Aufgabe 3.17 a) Zu bestimmen ist die letzte Ziffer von 7^{359}.
b) Welchen Rest läßt 13^{276} beim Teilen durch 12?
c) Bestimmen Sie die letzte Ziffer von a^a, wobei $a = 17^{17}$ ist.

Der im Eingang dieses Abschnitts bewiesene Satz 3.16 gestattet einige bekannte Teilbarkeitskriterien abzuleiten, die wir in den folgenden Sätzen aufgeschrieben haben.

Satz 3.17 Ist $c_0\, 10^n + c_1\, 10^{n-1} + \ldots + c_{n-1}\, 10^1 + c_n \cdot 10^0 = a$ die Dezimaldarstellung von $a \in \mathbf{N}$, so gilt

$$a \equiv q_1 = c_0 + c_{1-1} + \ldots + c_{n-1} + c_n\ (9).$$

B e w e i s. 1. $10 \equiv 1\ (9)$, also $10^{n-i} \equiv 1\ (9)$ für alle $i \in \{0, 1, \ldots, n\}$.
2. $c_i\, 10^{n-i} \equiv c_i (9)$ nach Satz 3.16, 2.
3. $a \equiv c_0 + c_n + \ldots + c_n$ nach Satz 3.16, 5.
Die erste Quersumme q_1 von a, $q_1 = c_0 + c_n + \ldots + c_n$, können wir ihrerseits dezimal aufschreiben

$$q_1 = d_0 \cdot 10^k + d_1 \cdot 10^{k-1} + \ldots + d_k \cdot 10^0$$

und von ihr erneut die erste Quersumme, das ist die 2. Quersumme q_2 von a

$$q_2 = d_0 + d_1 + \ldots + d_k,$$

bilden.
Wegen $a \equiv q_1\ (9)$ und $q_1 \equiv q_2\ (9)$ (nach Satz 3.17), ist a zu q_1 und q_2 kongruent modulo 9, und dies gilt für alle folgenden Quersummen. Die letzte der möglichen Quersummen, die man nach endlich viel Schritten erreicht, ist einstellig. Sie gibt direkt den Rest an, den a beim Teilen durch 9 ergeben würde.

Da die im Beweis festgestellten Aussagen sämtlich auch für den Modul 3 gelten, gilt

Satz 3.18 Ist $a = c_0\, 10^n + c_1\, 10^{n-1} + \ldots + c_n\, 10^0$, so folgt, daß a kongruent modulo 9 zu allen seinen sukzessiv bildbaren Quersummen ist. **B**

Für den Modul 11 müssen wir die Überlegungen etwas modifizieren.

Es gilt

Satz 3.19 Ist $a = c_0\, 10^n + c_1\, 10^{n-1} + \ldots + c_n\, 10^0$, so gilt

$$a \equiv c_n - c_{n-1} + c_{n-2} - + \ldots + (-1)^n\, c_0\ (11).$$

B e w e i s. 1. $10 \equiv -1\ (11)$, also $10^{n-i} \equiv (-1)^{n-i}\ (11)$.
2. $c_i\, 10^{n-i} \equiv (-1)^{n-i} \cdot c_i (11)$.
3. $a \equiv c_n - c_{n-1} + \ldots + (-1)^n\, c_0\ (11)$.

Man nennt $c_n - c_{n-1} + \ldots + (-1)^n\, c_0$ die „alternierende Quersumme" von a. Wie bei der Division durch 9 kann man, um den Rest von a beim Dividieren durch 11 festzustellen, schrittweise die alternierenden Quersummen bilden, bis eine Zahl aus $\{0, 1, \ldots, 10\}$ erreicht ist.

Aufgabe 3.18 Man bilde aus

$$10^1 \equiv 3\ (7),\quad 10^2 \equiv 2\ (7),\quad 10^3 \equiv -1\ (7),\quad 10^4 \equiv -3\ (7),\quad 10^5 \equiv -2\ (7),$$
$$10^6 \equiv 1\ (7)$$

ein Teilbarkeitskriterium für 7. Im Fall a = 2598746 gilt z. B., daß a zur „gewichteten Quersumme"

$$2 \cdot 1 + 5 \cdot (-2) + 9 \cdot (-3) + 8 \cdot (-1) + 7 \cdot 2 + 4 \cdot 3 + 6 \cdot 1$$

kongruent modulo 7 ist.

B e m e r k u n g 3.10. Da die Kongruenzen von Zahlen modulo 9 und modulo 11 leicht feststellbar sind, kann man mit ihrer Hilfe prüfen, ob man ein Produkt richtig bestimmt hat. Die wie im folgenden Beispiel durchgeführte Kontrolle liefert allerdings nur ein notwendiges und kein hinreichendes Kriterium.

Soll z. B. die Rechnung $a \cdot b = c$

$$a \cdot b = 634576 \cdot 245496 = 155\ 795\ 859\ 696 = c$$

überprüft werden, so bildet man die Quersumme und findet

$$a \equiv 4\ (9),\quad b \equiv 3\ (9)\quad \text{und}\quad c \equiv 3\ (9).$$

Die notwendige Bedingung $a \cdot b \equiv 3 \cdot 4 \equiv 3 \equiv c\ (9)$ ist erfüllt.

Diese Übereinstimmung ist aber (leider) noch nicht hinreichend; denn tatsächlich ist die Rechnung falsch, denn es wird

$$a \equiv -3\ (11),\quad b \equiv -2\ (11),\quad \text{also}\quad a \cdot b \equiv 6\ (11),$$

während aber $c \equiv -3\ (11)$ gilt. Hätte auch diese zweite Überprüfung $a \cdot b \equiv c\ (11)$ ergeben, so dürfte man nur mit einer größeren Wahrscheinlichkeit auf die Richtigkeit der durchgeführten Rechnung schließen.

B **Aufgabe 3.19** Begründen Sie ergänzend zu den Sätzen 3.17, 3.18, 3.19 und Aufgabe 3.18 die folgenden Teilbarkeitsregeln.

a) $2 \mid a \Longleftrightarrow$ die letzte Ziffer von a ist gerade.

b) $4 \mid a \Longleftrightarrow$ die aus den beiden letzten Ziffern von a gebildete Zahl ist durch 4 teilbar.

c) $8 \mid a \Longleftrightarrow$ die aus den drei letzten Ziffern von a gebildete Zahl ist durch 8 teilbar.

d) $6 \mid a \Longleftrightarrow 3 \mid a \wedge 2 \mid a$.

e) $12 \mid a \Longleftrightarrow 3 \mid a \wedge 4 \mid a$.

Aufgabe 3.20 Welche Reste können auftreten, wenn man die Summe der 4. Potenzen von 2 natürlichen Zahlen durch 5 teilt?

Aufgabe 3.21 Welcher Rest kann auftreten, wenn man die 10. Potenz einer beliebigen natürlichen Zahl durch 11 teilt?

3.8 Durchschnitte von Restklassen

In den m Restklassen, die man zu einem Modul m bilden kann, ist C_0^m eine Vielfachmenge. Zwei beliebige Vielfachmengen aber besitzen stets gemeinsame Elemente, ihr Durchschnitt selbst ist wieder eine Vielfachmenge, und es gilt

$$C_0^{m_1} \cap C_0^{m_2} = C_0^{[m_1, m_2]}.$$

Darin ist $[m_1, m_2]$ das kleinste gemeinsame Vielfache von m_1 und m_2. Andererseits besitzen zwei verschiedene Restklassen zum g l e i c h e n Modul aber überhaupt kein gemeinsames Element. So entsteht die Frage, ob es möglich ist, Aussagen über Durchschnitte zu machen, die innerhalb des Rahmens liegen, der von den beiden beschriebenen Grenzfällen abgesteckt liegt. Der folgende Satz liefert mit einfachen Mitteln aber bereits eine umfassende Antwort auf die aufgeworfene Frage.

Satz 3.20 Wir betrachten 2 beliebige Restklassen $C_{r_1}^{m_1}$ und $C_{r_2}^{m_2}$. Setzen wir $(m_1, m_2) =$ ggT und $[m_1, m_2] =$ kgV von m_1 und m_2, so gilt

a) $(m_1, m_2) \mid r_1 - r_2$ ist eine notwendige und hinreichende Bedingung dafür, daß der Durchschnitt von $C_{r_1}^{m_1}$ und $C_{r_2}^{m_2}$ nicht leer ist.

b) Ist der Durchschnitt nicht leer, so bilden alle seine Elemente eine Restklasse zum Modul $[m_1, m_2]$.

B e w e i s. Wir führen den Beweisteil a) direkt auf Satz 3.15 zurück.

a) Notwendig und hinreichend für die Existenz gemeinsamer Elemente x von $C_{r_1}^{m_1}$ und $C_{r_2}^{m_2}$ ist die Existenz von ganzen Zahlen q_1 und q_2, so daß $x = q_1 m_1 + r_1 = q_2 m_2 + r_2$ gilt.

Diese notwendige und hinreichende Bedingung läßt sich äquivalent umformen zu

$$\bigvee_{q_1, q_2 \in \mathbf{Z}} q_1 \cdot m_1 = q_2 m_2 + (r_2 - r_1)$$

$$\Longleftrightarrow \bigvee_{q_1 \in \mathbf{Z}} q_1 \cdot m_1 \equiv r_2 - r_2 \ (m_2)$$

Die Existenz gemeinsamer Elemente ist also genau dann gesichert, wenn die lineare Kongruenz **B**

$$x m_1 \equiv r_2 - r_1 \ (m_2) \tag{3.9}$$

Lösungen besitzt.

Aus Satz 3.15 wissen wir aber, daß die Kongruenz (3.9) genau dann Lösungen besitzt, wenn gilt:

$$(m_1, m_2) \mid r_2 - r_1 .$$

b) Wir nehmen jetzt an, daß die Bedingung $(m_1, m_2) \mid r_2 - r_1$, die sich als notwendig und hinreichend erwiesen hat, erfüllt ist. Dann zeigen wir zuerst:

„⇒" Aus $x \in C_{r_1}^{m_1} \cap C_{r_2}^{m_2} \wedge x \equiv y\,([m_1, m_2])$ folgt $y \in C_{r_1}^{m_1} \cap C_{r_2}^{m_2}$, d. h., daß mit x auch jedes zu x modulo $[m_1, m_2]$ kongruente Element y im Durchschnitt liegt.

Aus $y = x + q\,[m_1, m_2]$ folgt wegen $m_1 \mid [m_1, m_2]$ und $m_2 \mid [m_1, m_2]$, daß auch

$$y = x + q_1 m_1 \quad \text{und} \quad y = x + q_2 m_2,$$

d. h. $\quad y \equiv x(m_1) \quad$ und $\quad y \equiv x(m_2)$,

d. h. $\quad y \in C_{r_1}^{m_1}$ und $y \in C_{r_2}^{m_2} \Longleftrightarrow y \in C_{r_1}^{m_1} \cap C_{r_2}^{m_2}$.

„⇐" Aus $x \in C_{r_1}^{m_1} \cap C_{r_2}^{m_2}$ und $y \in C_{r_1}^{m_1} \cap C_{r_2}^{m_2}$ folgt $x \equiv y([m_1, m_2])$, d. h., zwei beliebige Elemente des Durchschnitts sind zueinander modulo $[m_1, m_2]$ kongruent.

Gehören nämlich x und y beide dem Durchschnitt an, so gilt

$$x \equiv y(m_1) \quad \text{und} \quad x \equiv y(m_2),$$

d. h. $\quad y = x + q_1 m_1 \quad$ und $y = x + q_2 m_2$, also $q_1 m_1 = q_2 m_2 = v$.

Diese Zahl v ist ein gemeinsames Vielfaches von m_1 und m_2 und daher – nach Satz 1.12d – gibt es ein ganzes q mit $v = q[m_1, m_2]$, so daß $y = x + q[m_1, m_2]$; x und y sind zueinander modulo $[m_1, m_2]$ kongruent.

Aufgabe 3.22 Versuchen Sie, Teil b) von Satz 3.20 unter Rückgriff auf Satz 3.15 zu beweisen.

B e m e r k u n g 3.11. Insgesamt haben wir also unsere Frage nach dem Duchschnitt von 2 Restklassen (gleichwertig zu Satz 3.15) so beantwortet: Es gibt zwei mögliche Fälle.

In Fall 1 gilt $(m_1, m_2) \nmid r_2 - r_1$; dann ist der Durchschnitt $C_{r_1}^{m_1} \cap C_{r_2}^{m_2}$ leer.

In Fall 2 gilt $(m_1, m_2) \mid r_2 - r_1$; dann bilden alle Elemente des Durchschnitts selbst eine Restklasse mit dem Modul $[m_1, m_2]$.

B e m e r k u n g 3.12. Wir sehen, daß im Fall $m_1 = m_2 = m$, in dem $(m_1, m_2) = m$ ist, das Kriterium $m \mid r_2 - r_1$ nie erfüllt ist, wenn $r_2 \neq r_1$, da die Differenz dem Betrag nach kleiner als m ist.

Ist andererseits $r_1 = r_2$, so ist unser Kriterium stets erfüllt, da Null durch jede Zahl geteilt wird.

B Die Bestimmung von r in $C_r^{[m_1, m_2]} = C_{r_1}^{m_1} \cap C_{r_2}^{m_2}$ durchläuft also zunächst die ersten 5 Schritte des Lösungsweges für lineare Kongruenzen, die wir am Ende von Abschn. 3.6 aufgeschrieben haben. Der 6. Schritt aber besteht seinerseits noch aus 2 Teilschritten; denn mit der Bestimmung von x aus

$$m_1 x \equiv r_2 - r_1 (m_2)$$

hat man mit $x = q_1$.

Schritt 6.1: $m_1 q_1 = r_2 - r_1 + m_2 q_2$

und erst nach Addition von r_1 in

Schritt 6.2: $m_1 q_1 + r_1 = m_2 q_2 + r_2$

ein gemeinsames Element von $C_{r_1}^{m_1}$ und $C_{r_2}^{m_2}$.

Beispiel 3.7 Zu bestimmen ist $C_6^7 \cap C_8^{12}$.
In einem neuen Schritt 0 schreiben wir die zugehörige Kongruenz (3.9) auf

$$7x \equiv 2 (12),$$

die wegen $(m_1, m_2) = (7, 12) = 1$ und $1 | 3$ lösbar ist. Wir können dann sofort zu Schritt 4 übergehen und finden

Schritt 4: $7y \equiv 1 (12) \Rightarrow y = 7 \Rightarrow x = 14$.

Schritt 5: $14 = 1 \cdot 12 + 2$, also wählen wir $x = 2$.

Schritt 6.1: $2 \cdot 7 \equiv 8 - 6 + q_2 m_2$.

Schritt 6.2: $r = 2 \cdot 7 + 6 = 20$.

Also $C_6^7 \cap C_8^{12} = C_{20}^{84}$.

Ist der Durchschnitt von 3 Restklassen zu bilden, so können wir schrittweise vorgehen.

Beispiel 3.8 Zu bestimmen sei $C_5^9 \cap C_{11}^{12} \cap C_{14}^{27}$.
Wir beginnen mit $C_5^9 \cap C_{11}^{12}$. Wegen $(9, 12) = 3 | 11 - 5 = 6$ existiert ein nicht leerer Durchschnitt mit dem Modul $[9, 12] = 36$.

Schritt 0: $9x \equiv 6 (12)$.

Schritt 1: $3x \equiv 2 (4)$.

Schritt 4: $3y \equiv 1 (4) \Rightarrow y = 3, x = 6$.

Schritt 5: $6 \equiv 2 (4)$, also wählen wir $x = 2$.

Schritt 6.1: $q_1 m_1 = x m_1 = 18$.

Schritt 6.2: $q_1 m_1 + r_1 = 18 + 5 = 23 = r$, also $C_5^9 \cap C_{11}^{12} = C_{23}^{36}$.

Im 2. Anlauf bestimmen wir $C_{14}^{27} \cap C_{23}^{36} = C_r^{108}$.

Wegen $(27, 36) = 9 | 23 - 14 = 9$ ist der Durchschnitt nicht leer.

Schritt 0: $27x \equiv 9 (36)$.

Schritt 1: $3x \equiv 1 (4) \Rightarrow x = 3$.

Schritt 6.1: $q_1 m_1 = x m_1 = 3 \cdot 27 = 81$.

Schritt 6.2: $r = q_1 m_1 + r_1 = 81 + 14 = 95$.

Aufgabe 3.23 Bestätigen Sie das Ergebnis $C_5^9 \cap C_{11}^{12} \cap C_{14}^{27} = C_{95}^{108}$ durch Berechnen in anderer Reihenfolge, nämlich **B**
a) $(C_{11}^{12} \cap C_{14}^{27}) \cap C_5^9$; b) $(C_{14}^{27} \cap C_5^9) \cap C_{11}^{12}$.

Für den Fall, in dem alle Moduln paarweise teilerfremd sind, läßt sich ein standardisiertes Verfahren anwenden. In diesem Fall existieren alle Durchschnitte, da stets $(m_i, m_j) = 1$. Wir formulieren es für eine beliebige Anzahl von Restklassen, führen den Beweis aber nur für n = 3 und geben für 3 Restklassen abschließend noch ein Beispiel.

Satz 3.21 (Chinesischer Restesatz) Sind in den n Restklassen $C_{r_i}^{m_i}$ $(i = 1, 2, \ldots, n)$ die Moduln m_i paarweise teilerfremd, so gilt

$$C_{r_1}^{m_1} \cap C_{r_2}^{m_2} \cap \ldots \cap C_{r_n}^{m_n} = C_r^{m_1 \cdot m_2 \cdot \ldots \cdot m_n}.$$

Darin ist

$$r = r_1^* + r_2^* + \ldots + r_n^*,$$

und die Reste r_i^* bestimmen wir für $i = 1, 2, \ldots, n$ aus den Gleichungen

$$C_0^{M_i} \cap C_{r_i}^{m_i} = C_{r_i^*}^{M}.$$

Darin wieder ist $M = m_1 \cdot m_2 \cdot \ldots \cdot m_n$ und $M_i = \dfrac{M}{m_i}$.

B e w e i s f ü r n = 3. Aus der ersten Bestimmungsgleichung

$$C_0^{m_2 \cdot m_3} \cap C_{r_1}^{m_1} = C_{r_1^*}^{m_1 m_2 m_3}$$

folgt $r_1^* + q_1^* m_1 m_2 m_3 = q_{11} m_1 + r_1 = q_{21} m_2 = q_{31} m_3$, und aus den beiden anderen folgt entsprechend

$$r_2^* + q_2^* m_1 m_2 m_3 = q_{12} m_1 \quad = q_{22} m_2 + r_2 = q_{32} m_3,$$
$$r_3^* + q_3^* m_1 m_2 m_3 = q_{13} m_1 \quad = q_{23} m_2 \quad = q_{33} m_3 + r_3.$$

Durch Aufsummieren der untereinanderstehenden Terme erhalten wir mit

$$q = q_1^* + q_2^* + q_3^*, \qquad r = r_1^* + r_2^* + r_3^*,$$
$$q_1 = q_{12} + q_{13} + q_{14},\ q_2 = q_{21} + q_{22} + q_{23},\ q_3 = q_{31} + q_{32} + q_{33},$$
$$r + q m_1 m_2 m_3 = q_1 m_1 + r_1 = q_2 m_2 + r_2 = q_3 m_3 + r_3,$$

und das bedeutet

$$r \equiv r_1 (m_1), \qquad r \equiv r_2 (m_2), \qquad r \equiv r_3 (m_3).$$

r gehört allen 3 Restklassen an.

Beispiel 3.9

$$C_3^5 \cap C_6^7 \cap C_9^{12} = C_{r_1^* + r_2^* + r_3^*}^{5 \cdot 7 \cdot 12} = C_r^{420}$$

mit $C_0^{7 \cdot 12} \cap C_3^5 = C_{r_1^*}^{420}$, $\quad C_0^{5 \cdot 12} \cap C_6^7 = C_{r_2^*}^{420}$, $\quad C_0^{5 \cdot 7} \cap C_9^{12} = C_{r_3^*}^{420}$.

B Der Reihe nach bestimmen wir r_1^*, r_2^*, r_3^* (verkürzt wiedergegeben) aus

$$12 \cdot 7\,x \equiv 3\,(5) \Rightarrow x = 2 \quad \text{und} \quad r_1^* = 168,$$
$$5 \cdot 12\,x \equiv 6\,(7) \Rightarrow x = 5 \quad \text{und} \quad r_2^* = 300,$$
$$5 \cdot 7\,x \equiv 9\,(12) \Rightarrow x = 3 \quad \text{und} \quad r_3^* = 105.$$

Damit wird

$$r_1^* + r_2^* + r_3^* = 573.$$

Also gilt

$$C_r^{420} = C_{573}^{420} = C_{153}^{420}.$$

In dieser Klasse liegt z. B. die Zahl $4353 = 10 \cdot 420 + 153$. Tatsächlich wird

$$4353 - 3 = 870 \cdot 5, \qquad 4353 - 6 = 621 \cdot 7, \qquad 4353 - 9 = 362 \cdot 12.$$

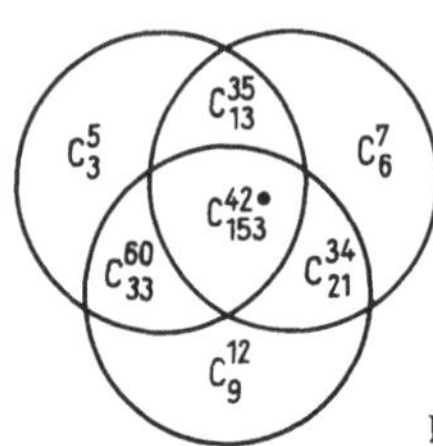

Fig. 3.5

Aufgabe 3.24 Bestätigen Sie die Richtigkeit der Angaben in Fig. 3.5.

Aufgabe 3.25 Bestimmen Sie mit Hilfe von Satz 3.19 $C_3^4 \cap C_4^7 \cap C_5^9$.

Aufgabe 3.26 Formulieren Sie den Chinesischen Restsatz für n = 2 und bestimmen Sie so alle Durchschnitte im Diagramm (vgl. Fig. 3.5) für die Restklassen in Aufgabe 3.25.

Aufgabe 3.27 Zu bestimmen ist die Menge aller Zahlen, die 1. beim Teilen durch 7 den Rest 5, 2. beim Teilen durch 9 den Rest 7 und 3. beim Teilen durch 13 den Rest 10 lassen.

C

3.9 Restklassen im mathematischen Unterricht

Da fast alle mathematischen Inhalte prinzipiell so elementarisiert werden können, daß ihre Anfänge dem Unterricht zugänglich werden, besteht heute die verhängnisvolle Neigung, der Schule immer mehr neue Stoffe aufzubürden, ohne sie auf der anderen Seite wirkungsvoll zu entlasten. Die Begründung für die Aufnahme eines weiteren Stoffgebietes stützen sich meist auf wahre Aussagen, man unterläßt es nur, alle einschlägigen Wahrheiten in die Argumentation aufzunehmen. Eine begründete Aussage lautet z. B., daß es gerade die strukturtheoretischen Ansätze der heutigen Mathematik sind, die in den Anwendungen immer wichtiger werden. Es ist auch zweifellos klar, daß der mathematische Unterricht – wie jeder Unterricht – die Aufgabe hat, die Schüler einerseits kritikfähig, andererseits aber auch anpassungsfähig zu machen, wozu insbesondere das Verständnis für tradierte Auffassungen und die heutige Bewältigung der Lebensaufgaben gehört. Dies kann aber durch die Mathematik in mindestens zweierlei Weise geschehen. Einmal dadurch, daß man die unmittelbar verwendbaren Techniken und Kenntnisse – wie z. B. das elementare Rechnen – vermittelt; andererseits aber auch dadurch, daß man auf die Entwicklung von Fähigkeiten und Einstellungen achtet, die für das Zusammenleben in dieser kompliziert gewordenen Welt unerläßlich sind.

Dieser zweite Anspruch hat weniger auf die Inhalte als auf die Methode des mathematischen Unterrichts Einfluß. Diese Methode hat als Ziele:

– über eigene kleine Entdeckungen Freude am Unterricht und damit Selbstvertrauen zu wecken,

– dem Schüler mehr Selbständigkeit und Verantwortung zu geben,

– Gelegenheit zur Zusammenarbeit und zum Argumentieren zu geben,

– im Hinblick auf die individuellen Möglichkeiten der Schüler stärker zu differenzieren.

Eine erdrückende Stoffülle und präzis formulierte inhaltliche Lernziele vertragen sich aber schlecht mit dem Verfolgen derartiger allgemeiner Lernziele; denn hier orientieren sich die Inhalte stärker an den Interessen der Schüler und ihrer Motivierbarkeit als an der mathematischen Systematik. Die Gegenstände müssen dabei voraussetzungsfreier, in ihren begrifflichen Elementen vertrauter und dem experimentellen Nachprüfen von Vermutungen zugänglicher sein. Diese Forderungen erfüllen aber nur zwei Gebiete: die Geometrie und die natürlichen Zahlen. In beiden interessiert die axiomatische Grundlage weniger als die Möglichkeit, durch gemeinsame Anstrengungen auf Vermutungen und Einsichten zu stoßen. Begründungen bestehen im Zurückführen komplexer Aussagen auf solche, die einsichtiger, unbezweifelt sind.

So kann das Verständnis für die Quersummenregel beim Teilen durch 9 allein in der – in jedem Fall nachprüfbaren – Tatsache bestehen, daß bei der Addition einer 9

1. ohne Hunderterüberschreitung zweierlei auftreten kann: wegen $9 = 10 - 1$ wird die Einerzahl um 1 kleiner, während die Zehnerzahl um 1 größer wird – die Quersumme bleibt konstant. Es kann aber auch vorkommen, daß die Zehnerzahl konstant bleibt; dann springt die Einerzahl von 0 auf 9 – die Quersumme vergrößert sich um 9.

2. Bei einem Hunderterübergang dagegen wird die Einerzahl um 1 kleiner, was durch das Anwachsen der Hunderterzahl um 1 ausgeglichen wird. Die Zehnerzahl und damit auch die Quersumme wird um 9 kleiner.

Tiefer, aber für ein 5. Schuljahr noch immer zu selbständiger Erarbeitung zugänglich, ist die folgende Begründung. Man denkt eine bestimmte Anzahl von Elementen, die mit Hilfe einer Dezimalzahl angegeben ist, in Neunerbündel zergliedert. Abgesehen von den Einern liefert jeder Zehner außer einem vollen Neunerbündel genau ein restliches Element – jeder Hunderter liefert neben den (wegen $100 = 11 \cdot 9 + 1$) 11 vollen Bündeln ebenfalls genau ein restliches Element, jeder Tausender liefert neben 111 vollen Bündeln wieder ein restliches Element – und das genauso bei den Zehntausendern usw. Addiert man die Ziffern der Einer, Zehner, . . . so erhält man die Anzahl aller restlichen, noch nicht gebündelten Elemente.

C Ein wesentlicher Bestandteil liegt in der Einsicht, daß die Ziffer j e d e r Zehnerpotenz die Anzahl der nichtgebündelten Elemente angibt, weil jede Potenz von 10 in der Form $11\ldots1 \cdot 9 + 1$ geschrieben werden kann.

Diese Begründungen sind auf die 3 und mit geringen Abweichungen auf die 11 übertragbar.

Die Bedeutung der letzten Ziffer einer dezimal geschriebenen Zahl beim Teilen durch 2, 5, 10 liegt viel näher und kann auch durch weniger abstrakt begabte Schüler gefunden werden.

Entsprechendes gilt für die Bedeutung der 2 letzten Ziffern für die Teilbarkeit durch 4, 25, 100, . . . usw.

Andererseits halte ich aber – mathematisch gesehen – die Quersummenregel für nicht so wichtig, daß man sie als Lernziel setzen sollte – es sei denn, man betrachtet sie als einen Gegenstand, der, wie angedeutet, die Schüler zum eigenen Entdecken führen kann. In einem weiteren Zusammenhang, Durchschnitte von Restklassen, gibt es viele Einzeluntersuchungen – z. B. für den Fall $m_1 = k \cdot m_2$, Vergleiche von

$$C^{m_1}_{r_1} \cap C^{m_2}_{r_2}$$

mit $$C^{m_1}_{r_1-1} \cap C^{m_2}_{r_2-1}$$

mit $$C^{m_1}_{r_2-2} \cap C^{m_2}_{r_2-2} \quad \text{usw.}$$

Die Vermutung, daß der Modul eines Durchschnitts gleich dem kgV der Einzelmoduln ist, liegt nahe und kann an Beispielen erprobt werden.

Schließlich sollte hier auf die Restklassenaddition hingewiesen werden. Sie bietet sich in natürlicher Weise im 3. Schuljahr im Zusammenhang mit dem Größenbereich Zeitspannen an, da die Angabe von Zeitpunkten stets modulo 24 erfolgt. Sollte dieses „komische Zusammenzählen", in dem z. B. $21 + 7 = 4$ wird, Spaß machen, so kann man andere „Uhren" erfinden (und bauen) lassen, etwa für den Fall, daß ein Tag aus nur 4 Stunden besteht. Eine Veranschaulichung bietet sich in dem Drehen eines Zeigers über den Sektoren eines Kreises oder im Drehen eines regelmäßigen Vielecks an. Auch hier entsteht eine relativ starke Motivation aus überraschenden Ergebnissen, etwa $3 + 2 = 1$ beim Rechnen modulo 4. Dabei bietet sich die Erweiterung auf die Subtraktion (anders herum drehen!) und auf die Multiplikation (beim Rechnen modulo 4 wird $4 \cdot 3 = 3 + 3 + 3 + 3 = 0$) an.

Mit dem Kreisrechnen findet man auch einen neuen Zugang zur Neunerregel. Dazu denkt man eine Neunstundenuhr, oder man stellt sich vor, daß eine ganz dünne Zahlengerade so um eine Kreisscheibe gewickelt wird, daß alle Vielfachen von 9 über dem Anfang der Zahlengeraden liegen. Dann liegen auch alle Zahlen mit der Quersumme 1 über derselben Stelle, insbesondere 10, 100, 1000, . . . sie lassen also den Rest 1; über der 2 liegen alle Zahlen mit der Quersumme 2, sie lassen den Rest 2 usw.; denn jeder Einer, jeder einzelne Zehner, jeder einzelne Hunderter usw. einer dezimal geschriebenen Zahl trägt diese Zahl bei Abrollen um einen Sektor des Kreises weiter.

Unter Zugrundelegen dieser Vorstellungen kann man für jede Zahl eine verkürzte Division durchführen, mit der man unmittelbar den Rest bestimmen kann. Man braucht dazu eine einfache Tabelle (Tab. 3.5), wie sie hier für das „Einmalsieben" aufgeschrieben ist.

Tab. 3.5

0	1	2	3	4	5	6
7	8	9	10	11	12	13
14	15	16	17	18	19	20
21	22	23	24	25	26	27
28	29	30	31	32	33	34
35	36	37	38	39	40	41
42	43	44	45	46	47	48
49	50	51	52	53	54	55
56	57	58	59	60	61	62
63	64	65	66	67	68	69

Soll jetzt z. B. der Rest bestimmt werden, der bei der Division von 46 763 594 durch 7 bleibt, so ersetzen wir, von links beginnend, jede zweistellige Zahl bzw. 7, 8 oder 9 durch ihre Kopfzahl in der Tabelle:

4 6 7 6 3 5 9 4
4 7 6 3 5 9 4
5 6 3 5 9 4
0 3 5 9 4
0 9 4
2 4
3.

Dadurch verkleinert sich die Zahl schnell, und die letzte Ziffer r aus dem Intervall $0 \leqslant r < 7$ liefert uns den Rest. Das ist im Beispiel der Rest 3.

Nach genügender Schulung wird das Ersetzen der aus den jeweils 2 ersten Ziffern gebildeten Zahl durch ihren jeweiligen Rest (zunächst bei Division durch 2, dann durch 3 usw.) leicht fallen. Es handelt sich dann um sehr schöne Kopfrechenaufgaben!

Teilbarkeit in $\mathbb{Q}^+$

Es liegt nahe, die „Teilbarkeit" auch im Bereich der Brüche, d. h. der positiven rationalen Zahlen zu definieren. Wenn wir Brüche nämlich immer durchkürzen und Zähler und Nenner dann in ihr Primzahlprodukt entwickeln, erhalten wir den folgenden Satz: Für jedes $a \in \mathbb{Q}^+$ gibt es eindeutig bestimmte Zahlen α_i aus $\mathbb{Z}$, so daß

$$a = p_1^{\alpha_1} \cdot p_2^{\alpha_2} \cdot \ldots \cdot p_m^{\alpha_m}.$$

Darin bilden die positiven α_i den Zähler, die negativen den Nenner des Bruches.

Ist $t = p_1^{\tau_1} \cdot p_2^{\tau_2} \cdot \ldots \cdot p_m^{\tau_m}$, so definieren wir: t ist ein Teiler von a $\Longleftrightarrow$ a ist ein Vielfaches von t $\Longleftrightarrow \tau_i \leqslant \alpha_i$ für alle i $\Longleftrightarrow$ es gibt ein $n \in \mathbb{N}$, so daß $n \cdot t = a$.

Ist weiter $b = p_1^{\beta_1} \cdot p_2^{\beta_2} \cdot \ldots \cdot p_m^{\beta_m}$, so wird

C $$t_0 = \text{ggT}(a, b) = p_1^{\min(\alpha_1, \beta_1)} \cdot p_2^{\min(\alpha_2, \beta_2)} \cdot \ldots \cdot p_m^{\min(\alpha_m, \beta_m)}$$

und $$v_0 = \text{kgV}(a, b) = p_1^{\max(\alpha_1, \beta_1)} \cdot p_2^{\max(\alpha_2, \beta_2)} \cdot \ldots \cdot p_m^{\max(\alpha_m, \beta_m)}.$$

Außerdem gilt:

Jeder gemeinsame Teiler von a und b ist Teiler des ggT(a, b). Jedes gemeinsame Vielfache von a und b ist Vielfaches des kgV(a, b).

Hier gibt es auch unendlich viel Teiler und nicht nur unendlich viel Vielfache. Diese Teilbarkeitslehre ist „symmetrisiert" gegenüber der Teilbarkeit in **N**, denn es gilt:

Ist t ein beliebiger gemeinsamer Teiler von a und b, so gibt es ein gemeinsames Vielfaches v von a und b (und umgekehrt gibt es auch zu jedem gemeinsamen Vielfachen v von a und b einen gemeinsamen Teiler t von a und b), so daß $t \cdot v = a \cdot b$. Ist t insbesondere gleich $t_0 = \text{ggT}(a, b)$, so ist das zugehörige gemeinsame Vielfache $v_0 = \text{kgV}(a, b)$.

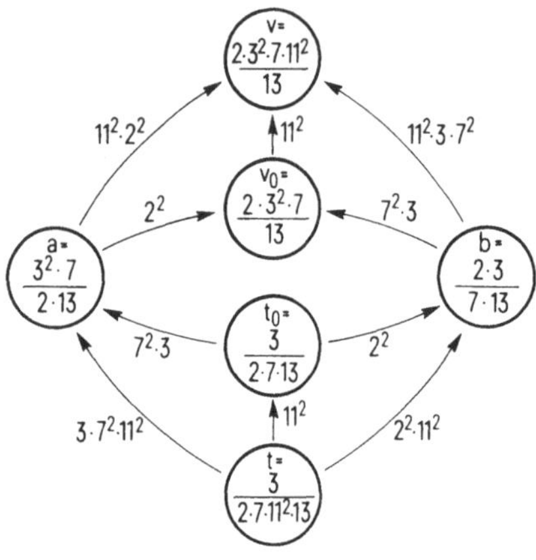

Lösungen ausgewählter Aufgaben

1.1 a) Der ggT von 10710 und 4199 ist 17; es ist

$$10710 = 2 \cdot 3^2 \cdot 5 \cdot 7 \cdot 17, \qquad 4199 = 13 \cdot 19 \cdot 17.$$

b) Der ggT von 10780 und 24453 ist 11; es ist

$$10780 = 2^2 \cdot 5 \cdot 7^2 \cdot 11, \qquad 24453 = 3^2 \cdot 13 \cdot 19 \cdot 11.$$

1.2 a) Wenn man die Diagonale von einer Ecke aus zieht, trifft sie die a + b Gitterlinien im Innern des Rechtecks, durch die sie geteilt wird. Da aber auf ihr sich t^* Gitterlinienpaare schneiden (t^* = ggT von a und b) liefern diese Paare nicht zwei, sondern nur jeweils einen Schnittpunkt. Daher zerfällt die Diagonale in $a + b - t^*$ Teile.
b) Wir setzen $a = \alpha t = \tau\alpha^* t = \alpha^* t^*$, $b = \beta t = \tau\beta^* t = \beta^* t^*$, wobei $\tau = (\alpha, \beta)$.
Dann erhalten wir

$$\frac{a}{t} + \frac{b}{t} - \tau = \alpha + \beta - \tau \text{ Teile.}$$

c) Haben die Gitterquadrate die Längen t^* KL, so zerfällt die Diagonale in $\alpha^* + \beta^* - 1$ Teilstücke.

1.4 a) Sei p' die letzte Primzahl, deren Vielfache sämtlich gestrichen wurden und sei weiter p die auf p' folgende Primzahl, dann ist p^2 die erste nicht durchgestrichene Nichtprimzahl. Denn jede kleinere Nichtprimzahl besitzt mindestens einen Primteiler aus $2, 3, 5, \ldots, p'$ und ist daher durchgestrichen. Ist $p' = 7$, also $p = 11$, so sind alle nicht durchgestrichenen Zahlen bis 120 Primzahlen. Da $32 \cdot 32 = 1024$, muß man – zur Gewinnung aller Primzahlen bis 1000 – den Streichprozeß bis zur elften Primzahl 31 inklusive fortsetzen. Beim Streichen der Vielfachen von 31 fallen allerdings nur noch zwei Zahlen unter 1000, nämlich $31 \cdot 31 = 961$ und $31 \cdot 32 = 992$.

1.5 Zwei Zahlen a und b, bei denen dieselben Exponenten, i. allg. bei verschiedenen Primzahlen, auftreten, kann man formal dadurch ineinander überführen, daß man schrittweise eine bei a auftretende Primzahl p durch diejenige Primzahl bei b ersetzt, die (in b) denselben Exponenten besitzt, wie p (in a). Führt man diese Ersetzung auch bei den Teilern von a durch, so erhält man eine eineindeutige Abbildung der Teilermengen beider Zahlen aufeinander.

1.7 Wäre z keine Primzahl, so könnte man z entsprechend der Darstellung (1.7) in Primzahlen zerlegen. Darin sind mindestens zwei Exponenten $\alpha_i \geqslant 1$. Die zugehörigen Primzahlen könnten aber nicht beide größer oder gleich p_n sein, da $q < p_n^2$ gilt, d. h., mindestens eine von ihnen wäre kleiner als p_n, gehört also zur Menge $\{p_1, p_2, \ldots, p_{n-1}\}$. Das aber steht im Widerspruch zur Voraussetzung.

1.8 1. $c \mid a$ ist gleichwertig zu $c \cdot q = a$, entsprechend wird $d \cdot r = b$. Dann aber folgt $c \cdot d \cdot (q \cdot r) = a \cdot b$, also $c \cdot d \mid a \cdot b$.

2. Entsprechend folgt aus $r \cdot c = a$, $s \cdot c = b$:

$$xa + yb = (x \cdot r + y \cdot s) \cdot c, \quad \text{also } c \mid xa + yb.$$

1.9 a) $(a, b) \leqslant a \wedge a \leqslant [a, b]$ hat zur Folge:
$(a, b) \leqslant b \wedge b \leqslant [a, b]$

Ist $(a, b) = [a, b] = c$, so notwendig $c = a = b$. D. h. $(a, b) = [a, b] \Longleftrightarrow a = b$, da $a = b$ auch die Gleichheit von (a, b) und $[a, b]$ zur Folge hat.

b) Wegen $(a, b) \mid a \wedge a \mid [a, b]$ gilt stets $(a, b) \mid [a, b]$.

c) Mit Hilfe von (1.20): $a = \alpha^*(a, b)$, $b = \beta^*(a, b)$, $(\alpha^*, \beta^*) = 1$ folgt, daß

$$\alpha^* = \frac{a}{(a, b)}, \beta^* = \frac{b}{(a, b)}, \quad \text{also} \quad \left(\frac{a}{(a, b)}, \frac{b}{(a, b)}\right) = 1$$

d) Aus $a \cdot b = (a, b) \cdot [a, b]$ folgt

$$\frac{[a, b]}{a} = \frac{b}{(a, b)} \wedge \frac{[a, b]}{b} = \frac{a}{(a, b)},$$

also nach c)

$$\left(\frac{[a, b]}{a}, \frac{[a, b]}{b}\right) = \left(\frac{a}{(a, b)}, \frac{b}{(a, b)}\right) = 1.$$

e) Jeder gemeinsame Teiler von a und b ist auch Teiler von $c = a + b$, und jeder gemeinsame Teiler von a und c ist auch Teiler von $b = c - a$. Daher gilt sogar $a + b = c \Rightarrow (a, b) = (b, c) = (c, a)$.

f) Wir setzen $(r_1, b) = 1$ und $t \mid b$ voraus. Ist nun $(r_1, t) = s$, so folgt $s \mid r_1 \wedge s \mid t$. Wir verbinden die Teilaussage $s \mid t$ transitiv mit $t \mid b$ zu $s \mid b$. Aus $s \mid r_1 \wedge s \mid b$ folgt aber $s \mid (r_1, b) = 1$, also ist $s = (r_1, t) = 1$.

g) Wir führen den Beweis induktiv.

Induktionsanfang. $(r_1, b) = 1 \wedge (r_2, b) = 1 \Rightarrow (r_1 \cdot r_2, b) = 1$. Um dies zu beweisen, setzen wir $(r_1 \cdot r_2, b) = t$ und folgern $t \mid r_1 \cdot r_2 \wedge t \mid b$. Wir verbinden die Teilaussage $t \mid b$ mit der Voraussetzung $(r_1, b) = 1$ (gemäß f) zu $(r_1, t) = 1$. Dann können wir Satz 1.13 anwenden. Er sichert, daß aus $t \mid r_1 \cdot r_2$ und $(r_1, t) = 1$ folgt, daß $t \mid r_2$. $t \mid r_2 \wedge t \mid b$ hat aber $t \mid (r_2, b) = 1$, d. h. $t = 1$ zur Folge.

Induktionsschritt. Wir wollen aus $(r_1, b) = (r_2, b) = \ldots = (r_n, b) = (r_{n+1}, b) = 1$ auf $(r_1 \cdot r_2 \cdot \ldots \cdot r_n \cdot r_{n+1}, b) = 1$ schließen. Nach Induktionsvoraussetzung gilt aber $(r_1 \cdot r_2 \cdot \ldots \cdot r_n, b) = 1$, und $(r_{n+1}, b) = 1$ gilt nach Voraussetzung. Wie im Induktionsanfang folgt daraus aber sofort die Behauptung.

1.10 a) Nach Bemerkung 1.8 gilt $[a, b] = \alpha^*\beta^*(a, b)$ mit $(\alpha^*, \beta^*) = 1$. Daraus folgt, daß wir α^*, β^* aus den 2 Bedingungen $(\alpha^*, \beta^*) = 1$ und $\alpha^* \cdot \beta^* = 12$ bestimmen müssen. Dies führt zu den Lösungen

$\alpha^* = 1, \quad \beta^* = 12; \quad a = n, \qquad b = 12\,n,$

$\alpha^* = 3, \quad \beta^* = 4; \quad a = 3\,n, \qquad b = 4\,n$ mit beliebigem ganzen n.

b) Mit dem gleichen Ansatz wie in a) folgt die Doppelbedingung $(\alpha^*, \beta^*) = 1$ und $(\alpha^*\beta^* - 1) \cdot (a, b) = 6$. Wir erhalten die folgenden Lösungen

$$(a, b) = 1: \quad \alpha^*\beta^* = 7 \to \alpha^* = 1, \quad \beta^* = 7 \to a = 1, b = 7,$$
$$(a, b) = 2: \quad \alpha^*\beta^* = 4 \to \alpha^* = 1, \quad \beta^* = 4 \to a = 2, b = 8,$$
$$(a, b) = 3: \quad \alpha^*\beta^* = 3 \to \alpha^* = 1, \quad \beta^* = 3 \to a = 3, b = 9,$$
$$(a, b) = 6: \quad \alpha^*\beta^* = 2 \to \alpha^* = 1, \quad \beta^* = 2 \to a = 4, b = 12.$$

c) Wegen $[a, b] \cdot (a, b) = a \cdot b = 2700 = [a, b] \cdot 15$ folgt $[a, b] = 18$. Nach dem Ansatz in Bemerkung 1.8 finden wir $\alpha^*\beta^*(a, b) = 18$, worin $(\alpha^*, \beta^*) = 1$ sein muß. (a, b) kann jeder Teiler von 18 (außer 18 selbst wegen $a < b$) sein.

$$(a, b) = 1: \quad \alpha^* = 1, \beta^* = 18 \to a = 1, b = 18,$$
$$\alpha^* = 2, \beta^* = 9 \to a = 2, b = 9,$$
$$(a, b) = 2: \quad \alpha^* = 1, \beta^* = 9 \to a = 2, b = 18,$$
$$(a, b) = 3: \quad \alpha^* = 1, \beta^* = 6 \to a = 3, b = 18,$$
$$\alpha^* = 2, \beta^* = 3 \to a = 6, b = 9,$$
$$(a, b) = 6: \quad \alpha^* = 1, \beta^* = 3 \to a = 6, b = 18,$$
$$(a, b) = 9: \quad \alpha^* = 1, \beta^* = 2 \to a = 9, b = 18.$$

d) Es gibt unendlich viel Paare a, b. Jedes Paar α^*, β^* mit $\alpha^* < \beta^*$ und $(\alpha^*, \beta^*) = 1$ führt über $a = 8\,\alpha^*$, $b = 8\,\beta^*$ zu einer Lösung.

e) Vgl. Lösung zu c).

f) Mit dem bekannten Ansatz wird $[a, b] = 20 = \alpha^*\beta^*(a, b) = \alpha^*\beta^* \cdot 2$. Also müssen wir die Paare α^*, β^* suchen, für die $(\alpha^*, \beta^*) = 1$ und $\alpha^*\beta^* = 10$ gilt.

1.11 Wie im Beweisen von Satz 1.13 schließen wir zunächst auf $k \cdot c = a \cdot b$. Diese Zahl ist ein gemeinsames Vielfaches von b und c, also gilt $k \cdot c = a \cdot b = m \cdot [b, c]$. Da aber $(b, c) = 1$ ist $[b, c] = b \cdot c$, also folgt $a \cdot b = m \cdot b \cdot c$, also $a = m \cdot c$, d. h. $c \mid a$.

1.12 1. a)
$$\begin{aligned} 7802 &= 2 \cdot 3243 + 1316 \\ 3243 &= 2 \cdot 1316 + 611 \\ 1316 &= 2 \cdot 611 + 94 \\ 611 &= 6 \cdot 94 + 47 \\ 94 &= 2 \cdot 47 \end{aligned}$$

c)
$$\begin{aligned} 1316 &= a - 2\,b \\ 611 &= b - 2(a - 2\,b) = 5\,b - 2\,a \\ 94 &= (a - 2\,b) - 2(5\,b - 2\,a) = 5\,a - 12\,b \\ 47 &= (5\,b - 2\,a) - 6(5\,a - 12\,b) = 77\,b - 32\,a. \end{aligned}$$

b) $[a, b] = 538338.$

2. a) $(a, b) = 18$

b) $[a, b] = 845430$

c) $18 = 45\,a - 142\,b$

1.13 a) $x = -9 + 8\,k$, $y = 9 - 7\,k$.

b) Die einzige gemeinsame Lösung ist $x = 11$, $y = 8$.

1.14 $a + b$ gehört zu der Menge $\{xa + yb \mid x, y \in \mathbf{Z}\}$. Jede Zahl dieser Menge aber ist ein Vielfaches von 7, 500 gehört nicht dazu.

Wegen $n + v = 50 \ (n, v) = 1 \Leftrightarrow 10\,n + 10\,v = a + b = 500 \wedge (10\,n, 10\,v) = (a, b) = 10$ handelt es sich darum, 50 in 2 Summanden $n + v$ zu zerlegen, die relativ prim sind. Dazu wählen wir für n irgendeine Primzahl p ($p \neq 2{,}5$). Für sie gilt sicher $(p, 50 - p) = 1$.

1.15 Ist p eine Primzahl, so ist das Kriterium erfüllt; denn dann ist $(a, p) = p$ und daher gilt $p \mid a$. Ist p dagegen nicht prim, so wählen wir für a einen echten Teiler von p. Dann ist $(p, a) = a = 1$, aber $p \mid a$ ist falsch.

1.17 a) Die Zahl $k = p_1 \cdot p_2 \cdot \ldots \cdot p_n + 1$ ist durch keine der – nach Voraussetzung ersten – Primzahlen $p_1, p_2, \ldots, p_n$ teilbar. Sie ist also entweder selbst eine weitere Primzahl oder sie braucht zumindest zu ihrer Primzahlzerlegung weitere Primzahlen.

b) Die im Text vorgetragenen Überlegungen gelten auch für die Differenz k. Gilt für sie $k \leqslant p_n^2$, so kann in ihrer Primzahlzerlegung 1. keine der Primzahlen $p_1, p_2, \ldots, p_n$, 2. aber auch keine Primzahl p auftreten, die größer ist als p_n, da im Komplementärteiler $q\ (k = p \cdot q)$, der dann notwendig kleiner als p_n sein muß, allein Primzahlen $p_1, p_2, \ldots, p_n$ auftreten können, was eben nicht möglich ist. Also ist k selbst eine Primzahl.

2.1 a)

	$3^4 = 81$	$3^3 = 27$	$3^2 = 9$	$3^1 = 3$	$3^0 = 1$
47	0	1	2	0	2
80	0	2	2	2	2
123	1	1	1	2	0
200	2	1	1	0	2
242	2	2	2	2	2

b) Aus $3\,s_n + 2 \cdot 3^0 - 2 \cdot 3^n = s_n$ folgt $2\,s_n = 2 \cdot (3^n - 1)$, $s_n = 3^n - 1$ und damit die Behauptung.

c) A(1) bedeutet, daß sich jede Zahl k aus $\{1, 2\}$ in der Form $k = a_0 \cdot 3^0$ darstellen läßt, wobei $a_0 \in \{0, 1, 2\}$. Das ist wahr, da $1 = 1 \cdot 3^0$, $2 = 2 \cdot 3^0$ gilt.

Aus A(n) folgt A(n + 1). Um dies zu zeigen, unterscheiden wir 5 Fälle.

1. Fall: $k \in \{1, 2, \ldots, 3^n - 1\}$ ist direkt die Aussage A(n).

2. Fall: $k = 3^n$; dies ist direkt die Form (2.2).

3. Fall: $k \in \{3^n + 1, 3^n + 2, \ldots, 2 \cdot 3^n - 1\}$. Hier setzen wir $k = 3^n + k^*$, und k^* gehört zum Fall 1.

4. Fall: $k = 2 \cdot 3^n$; dies ist direkt die Form (2.2).

5. Fall: $k \in \{2 \cdot 3^n + 1, 2 \cdot 3^n + 2, \ldots, 3^{n+1} - 1\}$. Setzen wir hier $k = 2 \cdot 3^n + k^*$, so ist k^* wieder eine Zahl, die dem Fall 1 zugehört.

d) Die Behauptung folgt aus der letzten Zeile der Tabelle im Rahmen der Lösung von Aufgabe 2.1 a).

2.2 a) 38 kg = 27 kg + 9 kg + 3 kg – 1 kg,
40 kg = 27 kg + 9 kg + 3 kg + 1 kg,
41 kg = 81 kg – 40 kg = 81 kg – (27 kg + 9 kg + 3 kg + 1 kg),

80 kg = 81 kg − 1 kg,
120 kg = 81 kg + 27 kg + 9 kg + 3 kg,
122 kg = 234 kg − 121 kg = 243 kg − (81 kg + 27 kg + 9 kg + 3 kg + 1 kg).

b) Der Wechsel erfolgt immer dann, wenn alle vorhandenen Massenstücke verbraucht sind. Die letzte darstellbare Masse ist

$$3^0 + 3^1 + \ldots + 3^{n-1} = \frac{1}{2}(3^n - 1).$$

Der folgende Massenwert wird dargestellt durch

$$3^n - (3^0 + 3^1 + \ldots + 3^{n-1}) = \frac{1}{2}(3^n + 1).$$

Man wählt stets als Vielfache die Potenzen von 3.

c) Bei 10 Massenstücken erreicht man die Gesamtmasse

$$(3^0 + 3^1 + \ldots + 3^9)\,\text{kg} = \frac{1}{2}(3^{10} - 1)\,\text{kg} = 29524\,\text{kg}.$$

2.4

$5984 = 2992 \cdot 2 + 0$	$5984 = 1994 \cdot 3 + 2$	$5884 = 997 \cdot 6 + 2$
$2992 = 1491 \cdot 2 + 0$	$1994 = 664 \cdot 3 + 2$	$997 = 166 \cdot 6 + 1$
$1491 = 745 \cdot 2 + 1$	$664 = 221 \cdot 3 + 1$	$166 = 27 \cdot 6 + 4$
$745 = 372 \cdot 2 + 1$	$221 = 77 \cdot 3 + 0$	$27 = 4 \cdot 6 + 3$
$372 = 186 \cdot 2 + 0$	$77 = 25 \cdot 3 + 2$	$4 = 0 \cdot 6 + 4$
$186 = 93 \cdot 2 + 0$	$25 = 8 \cdot 3 + 1$	
$93 = 46 \cdot 2 + 1$	$8 = 2 \cdot 3 + 2$	
$46 = 23 \cdot 2 + 0$	$2 = 0 \cdot 3 + 2$	
$23 = 11 \cdot 2 + 1$		$5984 = 784 \cdot 8 + 0$
$11 = 5 \cdot 2 + 1$	$5984 = 666 \cdot 9 + 8$	$784 = 93 \cdot 8 + 4$
$5 = 2 \cdot 2 + 1$	$666 = 74 \cdot 9 + 0$	$93 = 11 \cdot 8 + 5$
$2 = 1 \cdot 2 + 0$	$74 = 8 \cdot 9 + 2$	$11 = 1 \cdot 8 + 3$
$1 = 0 \cdot 2 + 1$	$8 = 0 \cdot 9 + 8$	$1 = 0 \cdot 8 + 1$

$5984 = 1011101001100_{(2)} = 22120122_{(3)} = 43412_{(6)} = 13540_{(8)} = 8208_{(9)}$

2.5 Wir finden

$1 = 0 \cdot 21 + 1$
$10 = 0 \cdot 21 + 10$
$100 = 4 \cdot 21 + 16$
$160 = 7 \cdot 21 + 13$
$130 = 6 \cdot 21 + 4$
$40 = 1 \cdot 21 + 19$
$190 = 9 \cdot 21 + 1$
$10 = \ldots$

Die Anzahl der zu 21 teilerfremden Zahlen $\{1, 2, 4, 5, 8, 10, 11, 13, 16, 17, 19, 21\}$ ist 12. Die Länge der Periode von $\frac{1}{21} = 0{,}047619|04$ ist 6, ein Teiler von 12. Die Summe der Ziffern ist 27, sie ist durch 9 teilbar, die Summe der Reste ist 63, sie ist durch 21 teilbar.

Dasselbe gilt, wenn wir als Zähler einen noch nicht aufgetretenen Rest, z. B. 2 wählen.

$$\begin{aligned}
2 &= 0 \cdot 21 + 2\\
20 &= 0 \cdot 21 + 20\\
200 &= 9 \cdot 21 + 11\\
110 &= 5 \cdot 21 + 5\\
50 &= 2 \cdot 21 + 8\\
80 &= 3 \cdot 21 + 17\\
170 &= 8 \cdot 21 + 2\\
20 &= \ldots
\end{aligned}$$

Wieder ist die Summe der Ziffern gleich 27, also durch 9 teilbar, die Summe der Reste ist 63, also durch 21 teilbar.

Die Länge der Periode ist in beiden Fällen 6, sie ist unabhängig vom Zähler x in $\frac{x}{21}$, wenn $(x, 21) = 1$.

2.6 a) Der Beweis wird induktiv nach i geführt.

Induktionsanfang:

$$\begin{aligned}
&b \cdot r_0 = z_1 \cdot n + r_1\\
&\underline{b \cdot r_k = z_{k+1} \cdot n + r_{k+1}}\\
&b(r_0 + r_k) = b \cdot n = (z_1 + z_{k+1}) \cdot n + (r_1 + r_{k+1})
\end{aligned}$$

$$\Rightarrow n \mid r_1 + r_{k+1} \rightarrow r_1 + r_{k+1} = n, \text{ da } 0 < r_i < n$$

$$\Rightarrow (b-1) \cdot n = (z_1 + c_{k+1}) \cdot n \Rightarrow b - 1 = z_1 + z_{k+1}$$

Induktionsschritt:

$$\begin{aligned}
&b \cdot r_i = z_{i+1} \cdot n + r_{i+1}\\
&\underline{b \cdot r_{k+1} = z_{k+i+1} \cdot n + r_{k+i+1}}\\
&b \cdot (r_i + r_{k+i}) = (z_{i+1} + z_{k+i+1}) \cdot n + (r_{i+1} + r_{k+i+1})\\
&\qquad = b \cdot n \text{ (Induktionsannahme)}
\end{aligned}$$

$$\Rightarrow n \mid r_{i+1} + r_{k+i+1} \Rightarrow r_{i+1} + r_{k+i+1} = n \; (0 < r_j < n)$$

$$\Rightarrow (b-1) \cdot n = (z_{i+1} + z_{k+i+1}) \cdot n \Rightarrow b - 1 = z_{i+1} + z_{k+i+1}$$

b) Durch Aufaddieren der Gleichungen in Spalte II von Zeile 1 bis Zeile λ gewinnt man

$$b \cdot (m + r_1 + r_2 + \ldots + r_{\lambda-1}) = (z_1 + z_2 + \ldots + z_\lambda) \cdot n + (r_1 + r_2 + \ldots + r_\lambda),$$

d. h. $\quad b \cdot R = z \cdot n + R$, da $r_0 = r_\lambda = m$

$$\Rightarrow (b-1) \cdot R = z \cdot n.$$

2.7 a) $\frac{5}{13} = 0{,}011\ 000\ 100\ 111 | 011\ldots_{(2)}$

$= \frac{011000100111_{(2)}}{111111111111_{(2)}}$ (alle Reste)

$\frac{5}{13} = 0{,}245\ 631\ 421\ 035 | 24\ldots_{(7)}$

$= \frac{245631421035_{(7)}}{666666666666_{(7)}}$ (alle Reste)

b) $\frac{6}{13} = 0{,}131\ 202 | 13\ldots_{(4)} = \frac{131202_{(4)}}{333333_{(4)}}$

Reste: 6, 11, 5, 7, 2, 8, Summe 39 = 3 · 13

$\frac{6}{13} = 0{,}243\ 405\ 312\ 150 | 24\ldots_{(6)}$ alle Reste

c) 1. $\frac{13}{21} = 0{,}100\ 111 | 100\ldots_{(2)}$

Reste 13, 5, 10, 20, 19, 17, Summe 84 = 7 · 13

2. $\frac{9}{13} = 0{,}230\ 103 | 23\ldots_{(4)}$

Reste 9, 10, 1, 4, 3, 12, Summe 39 = 3 · 13

3. $\frac{2}{13} = 0{,}021\ 312 | 02\ldots_{(4)}$

Reste wie bei $\frac{6}{13}$ in b)

2.8 a) $\frac{36}{65} = 0{,}5\overline{538461} = 0{,}5 + 0{,}0\overline{53861} = \frac{1}{2} + \frac{538461}{9999990} = \frac{11076912}{19999980} = \frac{36 \cdot 307692}{65 \cdot 307692}$.

b) $0{,}012\overline{78} = 0{,}012 + 0{,}000\overline{78} = \frac{12}{1000} + \frac{78}{99000} = \frac{11579}{12375}$.

2.9 Die Relation ist selbstverständlich reflexiv, sie ist wegen Bemerkung 2.4 symmetrisch, aber auch transitiv, denn $r \sim s$ besagt, daß s zu den λ Resten der Entwicklung von $\frac{r}{n}$ gehört.
Dies sind aber, wie aus Bemerkung 2.4 folgt, dieselben λ Reste wie die der Entwicklung von $\frac{r}{n}$. Also gilt $t \sim r$.

2.10 a) 1. $V = \{x | (x, 4) = 1\} = \{1, 3\}$, also ist $\varphi(4) = 2$,
$N = \{x | (x, 9) = 1\} = \{1, 2, 4, 5, 6, 7, 8\}$, also ist $\varphi(9) = 6$,
$S = \{x | (x, 36) = 1\} = \{1, 5, 7, 11, 13, 17, 19, 23, 25, 29, 31, 35\}$.
Also ist $\varphi(36) = \varphi(4) \cdot \varphi(9) = 2 \cdot 6 = 12$.

2. $F = \{x \mid (x, 5) = 1\} = \{1, 2, 3, 4\}, \varphi(5) = 5,$
$S = \{x \mid (x, 6) = 1\} = \{1, 5\}, \varphi(6) = 2,$
$D = \{x \mid (x, 30) = 1\} = \{1, 7, 11, 13, 17, 19, 23, 29\}.$
Also ist $\varphi(30) = \varphi(5) \cdot \varphi(6) = 2 \cdot 4 = 8.$

3. $A = \{x \mid (x, 8) = 1\} = \{1, 3, 5, 7\}, \varphi(8) = 4,$
$F = \{x \mid (x, 15) = 1\} = \{1, 2, 4, 7, 8, 11, 13, 14\}, \varphi(15) = 8,$
$H = \{x \mid (x, 120) = 1\} = \{1, 7, 11, 13, 17, 19, 23, 29, 31, 37, 41, 43, 47, 49, 53, 59, 61, 67, 71, 73, 77, 79, 83, 89, 91, 97, 101, 103, 107, 109, 113, 119\}.$
Also ist $\varphi(120) = \varphi(8) \cdot \varphi(15) = 32$

2.11 a) $\frac{1}{7} = 0,\overline{032412}_{(5)},$ $\lambda(7) = 6$

$\frac{1}{9} = 0,\overline{23421}_{(5)},$ $\lambda(9) = 6$

$\frac{1}{63} = \overline{0,001443}_{(5)},$ $\lambda(63) = [6, 6] = 6$

b) $\frac{1}{13} = 0,\overline{0143}_{(5)},$ $\lambda(13) = 4$

$\frac{1}{7} = 0,\overline{032412}_{(5)}$ $\lambda(17) = 6$

$\frac{1}{91} = 0,\overline{001141322424}_{(5)}$ $\lambda(91) = 12 = [4, 6]$

3.1 a) Es gibt 15 Paare. b) Nach 15 Stunden. c) Nach 6 Stunden.

3.3 Wir betrachten 2 Zahlen der angegebenen Folge $a = qm + ik$, $b = qm + jk$ mit $i, j \in \{0, 1, \ldots, m-1\}$. Für ihre Differenz gilt $a - b = (i - j)k$. a und b sind genau dann kongruent modulo m, falls $m \mid (i-j)k$. Gilt $(m, k) = 1$, so folgt $m \mid i - j$, d. h. $i = j$ und $a = b$. Gilt dagegen $(m, k) = t > 1$, so ist $m = \mu t$, $k = \lambda t$ und nimmt $i - j$ den Wert μ an, so wird $(i-j)k = \mu\lambda t = \lambda m$, also $m \mid (i-j)k \rightarrow a \equiv b(m)$.

3.4 c) 1. Folgt sofort aus Satz 3.3; 3. Geht auf die Kommutativität von + in **Z** zurück; 5. $C_j = C_{m-i}$. 7. Die 1+1-Tafel in **N** hat die Eigenschaft, daß jede Zeile aus der vorhergehenden durch Addition von 1 hervorgeht. Ersetzen wir in der linken oberen Ecke jede Zahl durch die zu m kongruente aus $\{0, 1, \ldots, m-1\}$, so wird die Tafel zyklisch.

3.7 a) $(a, m) = t \Rightarrow t \mid a \wedge t \mid m \Rightarrow t \mid a \wedge t \mid k \cdot m \Rightarrow t \mid k \cdot m - a \Longleftrightarrow t \mid b \Rightarrow t \mid b \wedge t \mid m$
$\Rightarrow t \mid (m, b) \Rightarrow t \mid 1 \Rightarrow t = 1.$

b) $ax = k \cdot m + ay \Rightarrow a(x-y) = k \cdot m \Rightarrow m \mid a(x-y) \wedge (a, m) = 1 \Rightarrow m \mid x - y.$

c) „$\overset{A}{\Rightarrow}$" $(a, m) = t \Rightarrow t \mid a \wedge t \mid m \Rightarrow t \mid a \wedge t \mid k \cdot m \Rightarrow t \mid (a, k \cdot m) = 1 \Rightarrow t = 1$; entsprechend folgt $(a, k) = 1$.

„$\underset{B}{\Leftarrow}$" Wir beweisen zuerst: $t \mid a \wedge (a, k) = 1 \Rightarrow (t, k) = 1$; denn: $t \mid a \Rightarrow a = n \cdot t$; $(t \cdot k) = s$
$\Rightarrow s \mid t \wedge s \mid k \Rightarrow s \mid n \cdot t \wedge s \mid k \Rightarrow s \mid a \wedge s \mid k \Rightarrow s \mid (a, k) = 1 \Rightarrow s = 1.$

$(a, m \cdot k) = t \Rightarrow t|a \wedge t|m \cdot k$; zusammen mit $(a, k) = 1$ folgt $(t, k) = 1 \Rightarrow t|m \cdot k \wedge (t, k) = 1 \Rightarrow t|m \Rightarrow t|m \wedge t|a \Rightarrow t|(m, a) \Rightarrow t|1 \Rightarrow t = 1$.

d) $a \equiv b(m)$ bedeutet, daß $a = b + q_1 m$ und $c \equiv d(m)$ bedeutet, daß $c = d + q_2 m$ ist. Daraus folgt $a \cdot b = c \cdot d + m\,(dq_1 + bq_2)$.

e) Wegen $a \equiv b(m)$ gilt $a = b + qm = b + (qr)k$ falls $k|m$, d. h., falls $m = rk$.

3.9 a) Es sind die Paare (2, 4) und (3, 5), da $2 \cdot 4 \equiv 3 \cdot 5 \equiv 1\ (7)$.

b) $2 \cdot 7 \equiv 3 \cdot 9 \equiv 4 \cdot 10 \equiv 5 \cdot 8 \equiv 6 \cdot 11 \equiv 1\ (13)$.

c) $2 \cdot 9 \equiv 3 \cdot 6 \equiv 4 \cdot 13 \equiv 5 \cdot 7 \equiv 8 \cdot 15 \equiv 10 \cdot 12 \equiv 11 \cdot 14 \equiv 1\ (17)$.

3.10 Jede dieser Zahlen ist zu einer Zahl aus $\{1, 2, \ldots, p - 1\}$ kongruent modulo p.

3.11 a) Die zu 72 teilerfremden Zahlen sind {1, 5, 7, 11, 13, 17, 19, 23, 25, 29, 31, 35, 37, 41, 43, 47, 49, 53, 55, 59, 61, 65, 67, 71}. Also ist $\varphi(72) = 24$. Andererseits ist $\varphi(8) = 4 = 8 - 4$, $\varphi(9) = 6 = 9 - 3$, also $\varphi(72) = \varphi(8) \cdot \varphi(9)$.

b) Da in jedem Zehnerabschnitt die 4 Zahlen mit den Einerziffern 1, 3, 7, 9 die zu 100 teilerfremden Zahlen liefern, ist $\varphi(100) = 4 \cdot 10 = 40$. Dasselbe Ergebnis liefert $\varphi(4) \cdot \varphi(25) = 2 \cdot 20 = 40$.

3.13 a) Keine Lösung wegen $(5, 15) = 5$ und $5 \nmid 12$.

b) 2. Schritt: $(6, 15) = 3$ und $3|12$, Lösungsbedingung ist erfüllt.

3. Schritt: $2x \equiv 4\ (5)$.

4. Schritt: $2y \equiv 1\ (5) \rightarrow y = 3, x = 12$.

5. Schritt: $x = 2 \cdot 5 + 2, x = 2$.

6. Schritt: $C_2^5 = \{\ldots, -8, -3, 2, 7, 12, \ldots\}$.

c) 2. Schritt: $(7, 15) = 1$, Lösungsbedingung ist erfüllt.

4. Schritt: $7y \equiv 1\ (5) \rightarrow y = 13, x = 156$.

5. Schritt: $156 = 10 \cdot 15 + 6, x = 6$.

6. Schritt: $C_6^{15} = \{\ldots, -24, -9, 6, 21, 36, \ldots\}$.

3.14 1. Schritt: $200 = 116 + 84$, Übergang zu $84x \equiv 68\ (116)$.

2. Schritt: $(84, 116) = 4 \wedge 4|68$, Lösungsbedingung ist erfüllt.

3. Schritt: Übergang zu $21x \equiv 17\ (29)$.

4. Schritt: $21y \equiv 1\ (29), y = 18, x = 306$.

5. Schritt: $306 = 10 \cdot 29 + 16, x = 16$.

6. Schritt: $C_{29}^{16} = \{\ldots, -42, -13, 16, 45, 74, \ldots\}$.

3.16 $k \equiv r(n)$ bedeutet $k = r + q \cdot n$, falls $k > r$; daraus folgt $a^k = a^r \cdot a^{n \cdot q} = a^r \cdot (a^n)^q \equiv a^r(m)$, da $a^n \equiv 1\ (m)$.

3.17 a) $7^4 \equiv 1\ (10)$, also $7^{356} \equiv 1\ (4)$ und $7^{359} \equiv 7^3 \equiv 3\ (10)$.

b) $13 \equiv 1\ (12)$, also $13^n \equiv 1\ (12)$ für alle natürlichen n.

c) Wir benutzen die Aussage der Aufgabe 3.16 mit $a = 17^{17}$ und $m = 10$. Wir finden $17^4 \equiv 1\ (10)$, also $17^{16} \equiv 1\ (10)$, $a \equiv 7\ (10)$. Wegen $7^4 \equiv 1\ (10)$ wird auch $a^4 \equiv 1\ (10)$.

Deshalb wählen wir in der Aussage von Aufgabe 316 : $n = 4$. Da $17 \equiv 1\ (4)$ ist auch $a = 17^{17} \equiv 1\ (4)$ und daher $a^a \equiv a^1 \equiv 7\ (10)$.

3.20 Vierte Potenzen a^4 haben die Reste 0 (falls $(a, 5) \neq 1$) bzw. 1 (falls $(a, 5) = 1$), ihre Summen haben daher beim Teilen durch 5 die Reste 0, 1 oder 2.

3.21 Da 11 Primzahl, gilt $a^{10} \equiv 1\ (10)$ für alle $a \neq 11$.

3.24 Zu bestimmen ist

$$C_{r_1}^{m_1} \cap C_{r_2}^{m_2} = C_{r_1^*+r_2^*}^{m_1 \cdot m_2},$$

wobei wir r_1^* bzw. r_2^* aus den Durchschnitten

$$C_{r_1}^{m_1} \cap C_0^{m_2} = C_{r_1^*}^{m_1 \cdot m_2} \quad \text{bzw.} \quad C_0^{m_1} \cap C_{r_2}^{m_2} = C_{r_2^*}^{m_1 m_2}$$

gewinnen. Wir berechnen so

$$C_3^5 \cap C_0^7 = C_{r_1^*}^{35} \to 7x = 3\ (5) \to x = 4 \text{ und } r_1^* = 28,$$

$$C_0^5 \cap C_6^7 = C_{r_2^*}^{35} \to 5x \equiv 6\ (7) \to x = 4 \text{ und } r_2^* = 20.$$

$$r = r_1^* + r_2^* = 48 \equiv 13\ (35). \text{ Also gilt } C_3^5 \cap C_6^7 = C_{13}^{35}.$$

3.27 Es handelt sich um den Durchschnitt

$$C_5^7 \cap C_7^9 \cap C_{10}^{13} = C_r^{819}$$

mit

$$C_0^{117} \cap C_5^7 = C_{r_1^*}^{819} \to 117x \equiv 5\ (7) \to x = 1,\ r_1^* = 117,$$

$$C_0^{91} \cap C_7^9 = C_{r_2^*}^{819} \to 91x \equiv 7\ (9) \to x = 7,\ r_2^* = 637,$$

$$C_0^{63} \cap C_{10}^{13} = C_{r_3^*}^{819} \to 63x \equiv 10\ (13) \to x = 60,\ r_3^* = 3780 \equiv 504\ (819);$$

also ist $r_1^* + r_2^* + r_3^* = r = 1258 \equiv 439\ (819)$, und die Lösungen bilden die Restklassen C_{439}^{819}.

Sachverzeichnis

Teubner Studienbücher

Mathematik

Ansorge: **Differenzenapproximationen partieller Anfangswertaufgaben**
298 Seiten. DM 29,80 (LAMM)

Böhmer: **Spline-Funktionen**
Theorie und Anwendungen. 340 Seiten. DM 28,80

Collatz: **Differentialgleichungen**
5. Aufl. 226 Seiten. DM 24,80 (LAMM)

Collatz/Krabs: **Approximationstheorie**
Tschebyscheffsche Approximation mit Anwendungen. 208 Seiten. DM 28,–

Constantinescu: **Distributionen und ihre Anwendung in der Physik**
144 Seiten. DM 18,80

Fischer/Sacher: **Einführung in die Algebra**
2. Aufl. 240 Seiten. DM 18,80

Grigorieff: **Numerik gewöhnlicher Differentialgleichungen**
Band 1: Einschrittverfahren. 202 Seiten. DM 16,80
Band 2: Mehrschrittverfahren. 411 Seiten. DM 29,80

Hainzl: **Mathematik für Naturwissenschaftler**
2. Aufl. 311 Seiten. DM 29,– (LAMM)

Hässig: **Graphentheoretische Methoden des Operations Research**
160 Seiten. DM 26,80 (LAMM)

Hilbert: **Grundlagen der Geometrie**
12. Aufl. VII, 271 Seiten. DM 24,80

Jeggle: **Nichtlineare Funktionalanalysis**
255 Seiten. DM 24,80

Kall: **Mathematische Methoden des Operations Research**
Eine Einführung. 176 Seiten. DM 22,80 (LAMM)

Kochendörffer: **Determinanten und Matrizen**
IV, 148 Seiten. DM 17,80

Kohlas: **Stochastische Methoden des Operations Research**
192 Seiten. DM 24,80 (LAMM)

Krabs: **Optimierung und Approximation**
208 Seiten. DM 25,80

Stiefel: **Einführung in die numerische Mathematik**
5. Aufl. 292 Seiten. DM 26.80 (LAMM)

Stummel/Hainer: **Praktische Mathematik**
299 Seiten. DM 28,80

Topsøe: **Informationstheorie**
Eine Einführung. 88 Seiten. DM 12,80

Velte: **Direkte Methoden der Variationsrechnung**
198 Seiten. DM 25,80 (LAMM)

Walter: **Biomathematik für Mediziner**
148 Seiten. DM 15,80

Witting: **Mathematische Statistik**
Eine Einführung in Theorie und Methoden. 3. Aufl. 223 Seiten. DM 26,80 (LAMM)